Ullstein

DER AUTOR:

Albert Einstein wurde am 14. März 1879 in Ulm geboren. Er siedelte mit 15 Jahren in die Schweiz über. Als technischer Experte dritter Klasse des Berner Patentamtes veröffentlichte er 1905 seine bedeutende Abhandlung über die »Spezielle Relativitätstheorie«.
1909 wurde er als Professor der theoretischen Physik an die Universität Zürich berufen, ging 1911 an die deutsche Universität nach Prag, kehrte 1912 nach Zürich zurück und wurde 1913 in Berlin hauptamtliches Mitglied der Preußischen Akademie der Wissenschaften und Leiter des Kaiser-Wilhelm-Instituts für Physik.
1914/15 begründete er die Allgemeine Relativitätstheorie. Im März 1919 zeigte sich anläßlich einer Sonnenfinsternis, daß sich Einsteins Voraussagen erfüllt hatten. 1921 erhielt er für seine quantentheoretischen Arbeiten den Nobelpreis.
Im Jahr 1933 veranlaßten ihn Angriffe, die sich gegen seine jüdische Herkunft richteten, nach den USA auszuwandern. Er wurde Professor an der Universität Princeton in New Jersey. Am 27. Dezember 1949 veröffentlichte die New York Times Einsteins neue »Allgemeine Gravitationstheorie«. Diese versucht alle grundlegenden physikalischen Gesetze in Begriffen der Schwerkraft zu erläutern und stellt einen ersten Versuch dar, von einem einzigen Gesetz alle Naturvorgänge vom Innern eines Atoms bis zu den Bewegungen des Universums abzuleiten.
Ihm, der schon während und nach dem 1. Weltkrieg sich besonders rückhaltlos für den Pazifismus eingesetzt hatte, wurde 1934 vom Nazi-Regime die deutsche Staatsangehörigkeit entzogen. Er starb am 18. April 1955 in Princeton im Alter von 76 Jahren.

Albert Einstein

Aus meinen späten Jahren

Ullstein

Sachbuch
Ullstein Buch Nr. 34721
im Verlag Ullstein GmbH,
Frankfurt/M – Berlin

Vom selben Autor
in der Reihe
der Ullstein Bücher:

Mein Weltbild (34683)

Unveränderte Ausgabe
(Reprint des Ullstein Buches 35196)

Umschlagentwurf:
Dietmar Suchalla
Unter Verwendung eines Fotos
vom Archiv für Kunst und Geschichte,
Berlin (Albert Einstein, um 1954)

Printed in Germany 1993
Druck und Verarbeitung:
Ebner Ulm
ISBN 3 548 34721 5

4. Auflage Mai 1993
Gedruckt auf Papier
mit chlorfrei
gebleichtem Zellstoff

Die Deutsche Bibliothek –
CIP-Einheitsaufnahme

Einstein, Albert:
Aus meinen späten Jahren/Albert
Einstein. – Unveränd. Ausg., (Reprint des
Ullstein-Buches 35196), 4. Aufl. –
Frankfurt/M; Berlin: Ullstein, 1993
(Ullstein-Buch; Nr. 34721: Sachbuch)
ISBN 3-548-34721-5
NE: GT

Inhalt

Krieg oder Friede

Menschenrechte und Freiheit

Persönlichkeiten

Juden und Judentum

Vorwort

Dieser zweite Band der gesammelten Essays von Albert Einstein umfaßt eine Zeitspanne von ungefähr 20 Jahren, von 1934–1955; die erste Sammlung, veröffentlicht unter dem Titel *Mein Weltbild* (Ullstein Buch 34683), enthielt das Material der Jahre 1922 bis 1934.

Albert Einstein war nicht nur ein großer Gelehrter, er war ein Weltbürger im besten Sinne des Wortes. Er war ein scharfsinniger und kritischer Beobachter seiner Zeit und der vielen Ereignisse, die sich während der ersten Hälfte dieses Jahrhunderts abspielten. Er war immer bereit, seine ganze Person und seinen nicht geringen Einfluß offen und mutig für das einzusetzen, was er im Interesse seiner Mitmenschen als richtig erkannt hatte. Oft hat er sich in schriftlichen Äußerungen oder persönlich an die Öffentlichkeit gewandt – immer nur in dem Bestreben, seinen Mitmenschen zu dienen.

Der Band *Aus meinen späten Jahren* spiegelt sowohl die wissenschaftliche und philosophische als auch die politische und soziale Haltung Albert Einsteins wider. Der Band enthält Ansprachen, Artikel, Aufrufe und Briefe, die zu verschiedenen Zeiten entstanden sind. Sie dokumentieren das Wirken eines gewissenhaften, tiefen und wahrhaft humanen Geistes.

GRUNDSÄTZLICHES

1
Selbstporträt (1936)

Was am eigenen persönlichen Dasein für einen selbst wesentlich ist, das weiß man selber kaum, und den andern braucht es erst recht nicht zu kümmern. Was weiß der Fisch von dem Wasser, in dem er sein Leben lang herumschwimmt?

Das Bittere und das Süße kam von außen, das Harte von innen, aus dem eigenen Streben. Ich tat in der Hauptsache, wozu mich die eigene Natur trieb. Beschämend war es, dafür so viel Achtung und Liebe zu empfangen. Auch Pfeile des Hasses wurden nach mir geschossen; sie trafen mich aber nie, weil sie gewissermaßen zu einer andern Welt gehörten, zu der ich keine Beziehungen habe.

Ich lebte in jener Einsamkeit, die in der Jugend schmerzlich, in den Jahren der Reife aber köstlich ist.

2
Aufruf zum Widerstand gegen den drohenden Kulturverfall (1933)

Es freut mich, daß Sie mir Gelegenheit geben, Ihnen an dieser Stelle als Mensch, als guter Europäer und als Jude meinen tiefen Dank auszusprechen. Durch Ihr wohlorganisiertes Hilfswerk haben Sie nicht nur unschuldig verfolgten Forschern geholfen, sondern auch der Menschheit und der Wissenschaft einen großen Dienst erwiesen. Sie haben gezeigt, daß Sie und das englische Volk der Tradition der Toleranz und Gerechtigkeit treu geblieben sind, die Sie mit Stolz seit Jahrhunderten hochgehalten haben.

Gerade in Zeiten wirtschaftlicher Not und Sorge, wie wir sie jetzt überall erleben, zeigt es sich deutlich, wie stark und wirksam die moralischen Kräfte sind, die in einem Volk lebendig sind. Hoffentlich wird der spätere, in einem politisch und wirtschaftlich geeinten Europa urteilende Historiker sagen können, daß in unseren Tagen Freiheit und Ehre dieses Kontinentes durch seine westlichen Nationen gerettet worden sind, die in harten Zeiten den Versuchungen des Hasses und der Unterdrückung standgehalten haben; durch Westeuropa sei jene Freiheit des Individuums erfolgreich verteidigt worden, die uns alle Fortschritte der Erkenntnis und Technik gebracht hat, eine Freiheit, ohne die einem aufrechten Menschen das Leben nicht lebenswert erscheint.

Es kann nicht meine Aufgabe sein, über das Verhalten einer Nation Richter zu sein, die mich jahrzehntelang zu den ihrigen gerechnet hat; vielleicht ist Urteilen in Zeiten, die Taten verlangen, überhaupt ein müßiges Beginnen. Heute stehen die Fragen im Vordergrund: Wie rettet man die Menschen und die geistigen Errungenschaften, deren Erben wir sind? Wie schützt man Europa vor neuem Unheil?

Es ist nicht zu bezweifeln, daß die Weltkrise und die durch sie verursachten Leiden und Entbehrungen der Völker zum großen Teile die gefährlichen Erschütterungen veranlaßt hat, deren Zeugen wir sind. In solchen Zeiten erzeugt das Unbehagen den Haß, und dieser führt zu Umsturz und Gewalttat, oft auch zu Kriegen. So erzeugen Not und Unheil neue Not und neues Unheil.

Wieder lastet eine ungeheure Verantwortung auf den leitenden Staatsmännern wie vor zwanzig Jahren. Möge es ihnen gelingen, durch rechtzeitige Übereinkunft einen Zustand solcher Klarheit der Bindungen und internationalen Verpflichtungen in Europa herbeizuführen, daß ein kriegerisches Abenteuer für jeden Staat von vornherein als aussichtslos erscheinen muß. Das Werk der Staatsmänner kann aber nur dann gelingen, wenn hinter diesen der ernste Wille der Völker steht.

Es handelt sich aber nicht nur um das sozusagen technische Problem der Sicherung des Friedens, sondern auch um eine wichtige Aufgabe der Aufklärung und Erziehung. Wenn wir den Mächten widerstehen wollen, die zu einer Unterdrückung der geistigen und persönlichen Freiheit drängen, müssen wir uns klar vor Augen halten, was auf dem Spiel steht, was wir jener Freiheit verdanken, die unsere Vorfahren unter schweren Kämpfen errungen haben.

Ohne jene Freiheit hätte es keinen Shakespeare, keinen Goethe, keinen Newton, keinen Faraday und keinen Pasteur gegeben. Es gäbe keine geräumigen Häuser für die Masse des Volkes, keine Eisenbahnen, kein Radio, keinen Schutz gegen die Epidemien, keine billigen Bücher, keine Bildung und keine Segnungen der Kunst für alle. Keine Maschinen würden den Menschen die grobe Arbeit für die Erzeugung der lebensnotwendigen Dinge abnehmen, die meisten Menschen würden ein Leben dumpfer Sklaverei führen wie ehemals in den großen Despotien Asiens. Denn nur der freie Mensch schafft jene Erfindungen und geistigen Werte, die uns modernen Menschen das Leben lebenswert erscheinen lassen.

Ohne Zweifel werden uns die gegenwärtigen Schwierigkeiten der Wirtschaft dazu führen, das Gleichgewicht zwischen Arbeitsangebot und Arbeitsbedarf, zwischen Produktion und Konsum durch gesetzliche Bindungen zu erzielen. Aber wir werden auch dieses Problem als freie Menschen lösen und uns um seinetwillen nicht in eine Sklaverei hineindrängen lassen, die schließlich eine Stagnation jeder gesunden Entwicklung mit sich bringen würde.

Sollen wir uns darüber grämen, daß wir in einer Zeit der Verwicklung, der Gefahr und des Mangels leben? Ich glaube nicht! Der Mensch ist von Natur, wie alle Tiere, träge. Wenn ihn nichts zwickt, dann denkt er kaum und handelt aus Routine ähnlich wie ein Automat. Ich bin so alt, daß ich als Kind und als junger Mann eine solche Zeit erlebte. Der Mensch denkt nur an die Lappalien des persönlichen Daseins, sein Haar ist pomadisiert, er redet wie die andern und handelt wie sie. Man erkennt nur schwer und unsicher, was hinter einer Person steckt; denn alles ist durch das konventionelle Handeln und Reden wie in Watte verpackt.

Wie anders ist es heute! In der grellen Gewitterbeleuchtung einer bewegten Zeit sieht man die Dinge und Menschen wie nackt. Jedes Volk und jeder Mensch zeigt deutlich, welche Ziele, Stärken und Schwächen, welche Leidenschaften ihm eigen sind. Routine wird nutzlos unter den rasch wechselnden Verhältnissen, Konventionen fallen ab wie leere Hülsen.

Der Mensch denkt in seiner Not nach über Mängel der Formen der Wirtschaft und über die Notwendigkeit übernationaler politischer Bindungen. Völker sind nur durch Gefahr und Erschütterungen zur Entwicklung zu bringen; mögen diese Erschütterungen zu guten Folgen führen.

Hinter dieser sehr ästhetischen Wertung unserer Zeit

wollen wir aber die Sorge um die ewigen und höchsten Güter bewahren, die dem Leben Sinn geben und die wir unseren Kindern reicher und reiner überliefern wollen, als wir sie von unseren Eltern empfangen haben. Dazu tragen Sie durch Ihr segensreiches Wirken bei.

Wenn in einem großen Lande Menschen nur dadurch zur Macht gelangen, daß sie dem Volke Haß und Vergeltung predigen, dann bedeutet es eine schwere Gefahr für den Frieden der Nationen, ganz unabhängig davon, ob diese zur Macht gelangten Menschen den Krieg anstreben oder nicht. Beispiele aus der Geschichte Europas zeugen davon und warnen. Man würde den Zustand auch dann für gefährlich halten müssen, wenn man nicht von geheimen Rüstungen und Bestrebungen zur Beunruhigung des Auslandes erfahren hätte.

Heute kann ein gefährlicher Brand noch verhindert werden. Wenn ich dazu einen Wunsch äußern darf, so ist es der, man möge für dieses Geschäft weniger den Juristen als den Feuerwehrmann zu Rate ziehen und den Standpunkt derjenigen würdigen, deren nachbarliches Haus in erster Linie bedroht ist.

3
Exakte Wissenschaft und Menschheit (1935)

Es gibt zweierlei Wirkungsarten der Wissenschaft auf die menschliche Entwicklung. Die erste ist jedermann geläufig: Die Wissenschaft erzeugt direkt und noch mehr indirekt Hilfsmittel, die das menschliche Dasein völlig umgestaltet haben. Die zweite Art der Wirkung ist eine erzieherische, eine Wirkung auf den Geist, nicht weniger durchgreifend als die erstgenannte, wenn auch der flüchtigen Betrachtung sich weniger unmittelbar darbietend. Laßt uns beiden eine kurze Betrachtung widmen.

Die auffallendste praktische Auswirkung der Wissenschaft liegt darin, daß sie die Erfindung von Gegenständen ermöglichte, die das Leben bereichert, aber auch kompliziert haben. Dampfmaschine, Eisenbahn, elektrische Kraftanlagen, Beleuchtung, Telegraphie, Radio, Auto, Flugzeug, Dynamit etc. Dazu kommen die lebenserhaltenden Errungenschaften der Biologie und Medizin, insbesondere auch die Darstellung der schmerzstillenden Mittel, die sterile Aufbewahrung von Nahrungsmitteln. Die größte praktische Wohltat all dieser Erfindungen aber sehe ich in der Befreiung der Menschen von einem Übermaß mechanischer Muskelarbeit, deren Leistung früher für die Erhaltung der nackten Existenz einfach unentbehrlich war. Insoweit heute von einer Abschaffung der Sklaverei wirklich gesprochen werden kann, verdanken wir sie den praktischen Auswirkungen der Wissenschaft.

Andererseits hat die Technik – d. h. die angewandte Wissenschaft – die Menschheit vor wahrhaft ernste Probleme gestellt, von deren befriedigender Lösung geradezu die Fortexistenz der Menschheit abhängt. Es gilt, jene gesellschaftlichen Organisationen und Traditionen zu schaffen, ohne welche die neuen Werkzeuge Katastrophen schlimmster Art mit sich bringen müssen.

Die mechanischen Produktionsmittel haben bei der unorganisierten Wirtschaft dazu geführt, daß ein erheblicher Teil der Menschen für die Gütererzeugung nicht gebraucht und dadurch aus dem wirtschaftlichen Kreislauf ausgestoßen wird. Schwächung an Kaufkraft und Entwertung der Arbeit durch übermäßige Konkurrenz sind die unmittelbare Folge, aus der in sinkenden Zeitintervallen die schwersten Lähmungen der Güterproduktion erwachsen. Andererseits verleiht der Besitz an Produktionsmitteln eine Macht, gegen welche die traditionellen Schutzmittel unserer politischen Organisationen nicht aufkommen können. Wir stehen mitten im Ringen der Menschheit um Anpassung an diese neuen Verhältnisse; dieses Ringen kann eine wahre Befreiung bringen, wenn sich die Menschheit der Aufgabe gewachsen zeigen wird.

Ferner hat die Technik die Entfernungen verkürzt und neue, ungemein wirksame Zerstörungsmittel geschaffen, welche im Besitz unbeschränkte Handlungsfreiheit beanspruchender Nationen die Sicherheit und den Bestand der Menschheit bedrohen. Diese Umstände verlangen eine zentrale richterliche und Exekutivgewalt für den ganzen Planeten, deren Errichtung sich die nationalen Traditionen verzweifelt widersetzen. Auch hier stehen wir mitten in einem Kampf, dessen Ausgang das Schicksal aller entscheidet.

Endlich haben die Verkehrsmittel, die Reproduktionsverfahren für das gedruckte Wort und das Radio in Verbindung mit den modernen Waffen es möglich gemacht, die Seelen und Leiber in eine Abhängigkeit von einer Zentralstelle zu bringen, welche eine dritte Gefahr für die Menschheit bedeutet. Die modernen Despotien und ihre destruktiven Wirkungen zeigen deutlich, daß wir weit davon entfernt sind, diese Errungenschaften zum Heile der Menschheit organisatorisch zu verwerten. Auch hier wird durch die Umstände eine internationale Lösung gefordert, ohne daß die psychologischen Vorbedingungen hierfür erfüllt wären.

Wenden wir nun unsere Aufmerksamkeit der geistigen Wirkung zu, die von der Wissenschaft ausgeht. In der vorwissenschaftlichen Zeit gelang es nicht, durch Denken zu Ergebnissen zu gelangen, die von allen Menschen als sicher und notwendig empfunden wurden. Noch weniger gab es eine Überzeugung von einer strengen Gesetzlichkeit, welcher das Geschehen in der Natur unterworfen sei. Die Unvollständigkeit der Gesetzlichkeit in der Natur, wie sie sich dem primitiven Beobachter darbot, leistete dem Gespenster- und Aberglauben Vorschub. Deshalb lebt noch heute der primitive Mensch in steter Angst vor dem Eingriff überirdischer, willkürlich wirkender Gewalten in sein Schicksal.

Diese Unsicherheit des menschlichen Geistes, sich selbst und der Natur gegenüber überwunden zu haben, ist die große Wirkung der Wissenschaft auf den menschlichen Geist. Die Griechen schufen in der Elementar-Mathematik erstmalig ein Gedankensystem, dessen Schlüssen sich niemand entziehen konnte. Die Forscher der Renaissance erfanden dann die Kombination des systematischen Experimentes mit der mathematischen Methode. Durch diese Verbindung ließ sich eine solche Schärfe in der Formulierung von Naturgesetzen und eine solche Sicherheit in ihrer Kontrolle durch die Erfahrung erzielen, daß ein Naturwissen erzielt wurde, das alle fundamentalen Meinungsdifferenzen ausschloß. Seither baut jede Generation an dem ererbten Schatze des Wissens und Begreifens weiter, ohne daß eine Krise zu befürchten wäre, die ja das Ganze in Frage stellen könnte.

Wenn auch die Allgemeinheit die Forschung im einzelnen nur in bescheidenem Maße verfolgen kann, so hat sie doch ein Großes und Wichtiges gewonnen – das Vertrauen in die Sicherheit des menschlichen Denkens und in die Gesetzlichkeit des Naturgeschehens.

4
Allgemeines über Erziehung (1936)

Ein solcher Jubiläumstag wie der heutige pflegt in erster Linie dem Rückblick gewidmet zu sein, insbesondere dem Andenken der Persönlichkeiten, die sich um die

Entwicklung des kulturellen Lebens des Landes besondere Verdienste erworben haben. Dieser Liebesdienst an den Vätern darf auch nicht versäumt werden, zumal solche Erinnerung an die Besten der Vergangenheit geeignet ist, die Gutgesinnten von heute zu mutigem Streben anzufeuern. Dies muß aber jemand tun, der von Jugend auf mit dem Staate New York verbunden und mit dessen Vergangenheit vertraut ist, nicht einer, der, wie ich, ähnlich einem Zigeuner herumgewandert ist und in den verschiedensten Ländern seine Erfahrungen gesammelt hat.

Wenn ich mich bemühe, Ihrer liebenswürdigen und ehrenvollen Einladung gerecht zu werden, bleibt mir also nichts übrig, als über solche Fragen zu sprechen, die unabhängig von Raum und Zeit stets mit dem Schulwesen verknüpft waren und sein werden. Bei diesem Versuche kann ich keinerlei Autorität für mich in Anspruch nehmen, zumal die klugen und wohlmeinenden Menschen aller Zeiten sich mit den Problemen der Schule befaßt und gewiß alles Vernünftige über den Gegenstand wiederholt ausgesprochen haben. Woher soll ich den Mut nehmen, Ihnen als halber Laie auf pädagogischem Gebiete Thesen vorzutragen, hinter denen nichts steht als persönliche Erfahrung und persönliche Überzeugung?

Wenn es sich um einen eigentlich wissenschaftlichen Gegenstand handeln würde, würde man durch derartige Erwägungen wohl zum Schweigen veranlaßt werden. Bei den Angelegenheiten des lebendigen Daseins und Handelns ist es anders. Hier genügt einmalige Erkenntnis der Wahrheit nicht; diese muß vielmehr unausgesetzt neu belebt und neu erkämpft werden, wenn sie nicht verlorengehen soll. Sie gleicht einem Standbild aus Marmor, das in der Wüste steht und beständig von wanderndem Sand verschüttet zu werden droht. Immer müssen dienende Hände am Werk sein, damit der Marmor dauernd sichtbar in der Sonne glänze. Zu diesen dienenden Händen sollen auch die meinen gehören.

Die Schule war stets das wichtigste Mittel zur Übertragung der Fülle der Traditionen von einer Generation auf die nächste. Dies gilt heute sogar in höherem Maße als in früherer Zeit. Denn durch moderne Entwicklung des Wirtschaftslebens ist die Familie als Trägerin der Tradition und Erziehung geschwächt worden. Der Fortbestand und die Gesundheit der menschlichen Gesellschaft ist deshalb in noch höherem Maße als früher von der Schule abhängig.

Man hat manchmal in der Schule einfach das Instrument gesehen, um ein gewisses, möglichst großes Quantum von Wissen auf die heranwachsende Generation zu übertragen. So ist es aber nicht. Wissen ist tot; die Schule aber ist Dienerin des Lebens. Sie soll in den jungen Individuen jene Qualitäten und Fähigkeiten zur Entwicklung bringen, welche für das Gedeihen der Gemeinschaft von Wert sind. Damit ist aber nicht gesagt, daß dem Individuum seine Besonderheit genommen werden soll, um es zu einem willenlosen Werkzeug der Gemeinschaft zu machen, gleich einer Biene oder Ameise. Denn eine Gemeinschaft von standardisierten Individuen ohne persönliche Eigenart und persönliche Ziele wäre eine armselige Gemeinschaft ohne Entwicklungsmöglichkeiten. Das Ziel muß vielmehr die Heranbildung selbständig handelnder und denkender Individuen sein, die aber im Dienste an der Gemeinschaft ihre höchste Lebensaufgabe sehen. Soweit ich es beurteilen kann, kommt die englische Schule der Realisierung dieses Ideals am nächsten.

Wie soll man aber diesem Ideal näherzukommen suchen? Soll man vielleicht dieses Ziel durch Moralpredigen zu realisieren suchen? Keineswegs! Worte sind und bleiben leerer Schall und der Weg zur Hölle ist stets vom Lippendienste am Ideal begleitet gewesen. Persönlichkeiten aber formen sich nicht durch das, was sie hören und sagen, sondern durch Arbeit und Handeln.

Das wichtigste Erziehungsmittel bestand dementsprechend stets darin, daß der Schüler zu Leistungen angeregt wurde. Dies gilt von den ersten Schreibversuchen des ABC-Schützen an, wie von der Doktorarbeit eines Absolventen der Universität, vom bloßen Auswendiglernen eines Gedichts, vom Schreiben eines Aufsatzes, vom Interpretieren oder Übersetzen eines Textes, von der Lösung einer mathematischen Aufgabe oder vom Üben eines körperlichen Sportes.

Hinter jeder Leistung aber steht das Gefühlsmotiv, welches jener Leistung zugrunde liegt und welches umgekehrt durch das Vollbringen der Leistung gestärkt und genährt wird. Hier gibt es die größten Unterschiede, und sie sind für den erzieherischen Wert der Schulung von höchster Bedeutung. Dieselbe Leistung kann ihre Entstehung Furcht und Zwang, ehrgeizigem Bedürfnis nach Geltung und Auszeichnung, liebevollem Interesse am Gegenstande oder einem Bedürfnis nach Wahrheit und Verstehen, also jener göttlichen Neugier verdanken, welche jedes gesunde Kind mitbringt, die aber so oft frühzeitig verkümmert. Der erzieherische Einfluß, der auf den Schüler beim Vollbringen einer und derselben Leistung ausgeübt wird, kann ganz verschieden sein, je nachdem, ob der Leistung die Angst vor Schmerz, egozentrische Leidenschaft oder Streben nach Freude und Befriedigung zugrunde liegt. Und niemand wird behaupten, daß das System der Schule und das Verhalten der Lehrer im einzelnen keinen Einfluß hätten auf die Gestaltung der psychischen Entwicklung der Schüler.

Am schlimmsten scheint es mir zu sein, wenn eine

Schule hauptsächlich mit den Mitteln von Furcht, Zwang und künstlicher Autorität arbeitet. Solche Behandlung vernichtet das gesunde Lebensgefühl, die Aufrichtigkeit und das Selbstvertrauen des Schülers. Sie erzeugt den unterwürfigen Untertanen. Es ist kein Wunder, daß derartige Schulen in Deutschland und Rußland die Regel bildeten. Ich weiß, daß die Schulen in diesem Lande von diesem schlimmsten Übel frei sind; ebenso ist es auch in der Schweiz und wohl in allen demokratisch regierten Staaten. Es ist verhältnismäßig einfach, die Schule von diesem schlimmsten aller Übel frei zu halten: Man gibt dem Lehrer möglichst wenig Zwangsmittel in die Hand, so daß die einzige Quelle des Respektes der Schüler gegenüber dem Lehrer dessen menschliche und intellektuelle Qualitäten sind.

Das zweite genannte Motiv, der Ehrgeiz oder in gelinderer Ausprägung das Streben nach Anerkennung und Ansehen, liegt fest verankert in der menschlichen Natur. Bei Abwesenheit von Gefühlsmotiven dieser Art wäre menschliches Zusammenwirken völlig unmöglich; das Streben nach Zustimmung des Nebenmenschen ist gewiß eine der wichtigsten bindenden Kräfte der Gesellschaft. In diesem Gefühlskomplex liegen aufbauende und zerstörende Kräfte eng beisammen. Streben nach Zustimmung und Anerkennung ist ein gesundes Motiv. Das Streben aber, als besser, stärker oder klüger anerkannt zu werden als der Mitmensch oder Mitschüler, führt leicht zu einer übertrieben egoistischen seelischen Einstellung, die für das Individuum und für die Gemeinschaft verderblich werden kann. Deshalb müssen sich die Schule und der Lehrer davor hüten, das bequeme Mittel der Erregung des individuellen Ehrgeizes anzuwenden, um die Schüler zu emsigem Streben anzuregen.

Manche haben Darwins Theorie des Daseinskampfes und der mit ihm verbundenen Selektion für die Berechtigung der Erweckung des Konkurrenzgeistes angeführt. Man hat wohl auch das anarchische System der Konkurrenz in der Wirtschaft in solcher Art pseudowissenschaftlich zu begründen versucht. Dies ist aber abwegig, weil der Mensch seine Stärke im Daseinskampf dem Umstand verdankt, daß er ein gesellig lebendes Tier ist. So wenig als ein Kampf zwischen den einzelnen Ameisen eines Ameisenhaufens stattfindet oder für die Selektion wesentlich ist, so wenig ist dies bei den einzelnen Mitgliedern einer menschlichen Gesellschaft der Fall.

Deshalb solle man sich auch wohl hüten, den Erfolg im landläufigen Sinne dem jungen Menschen als Lebensziel zu predigen. Denn ein erfolgreicher Mensch ist in den meisten Fällen ein solcher, der von den Nebenmenschen viel empfängt, meist unvergleichlich mehr als seiner Leistung für die Nebenmenschen entspricht. Der Wert eines Menschen soll aber in dem gesehen werden, was er gibt, und nicht in dem, was er zu nehmen imstande war oder ist.

Das wichtigste Motiv zur Leistung in der Schule und im Leben ist die Freude an der Arbeit, die Freude an ihrem Ergebnis und das Bewußtsein vom Werte des Arbeitsergebnisses für die Gemeinschaft. In der Erwekkung und Stärkung dieser psychischen Kräfte im jungen Menschen sehe ich die wichtigste Aufgabe der Schulerziehung. Eine solche psychische Grundlage allein führt zum freudigen Streben nach den höchsten Gütern des Menschen: Erkenntnis und künstlerische Gestaltung.

Die Erweckung dieser produktiven psychischen Kräfte ist gewiß weniger leicht als die Ausübung von Zwang oder die Erweckung von individuellem Ehrgeiz, aber sie ist dafür um so wertvoller. Es gilt, den kindlichen Spieltrieb und den kindlichen Erkenntnistrieb zu entwickeln und auf für die Gesellschaft wichtige Gebiete hinüberzuleiten – es ist jene Erziehung, die sich in der Hauptsache auf den Trieb nach erfolgreicher Tätigkeit und nach Erkenntnis gründet. Gelingt es der Schule, nach solchen Gesichtspunkten erfolgreich zu arbeiten, so wird sie von der heranwachsenden Generation hochgeschätzt und die ihr von der Schule gestellten Aufgaben als eine Art Geschenk hingenommen. Ich habe Kinder kennengelernt, welche die Schulzeit den Ferien vorgezogen haben.

Solche Schule verlangt vom Lehrer, daß er in seinem Fache eine Art Künstler sei. Was kann man tun, daß dieser Geist sich in der Schule durchsetze? Es gibt hierfür ebensowenig ein Universalmittel wie es für ein Individuum kein Universalmittel gibt, um gesund zu bleiben. Aber es gibt gewisse Vorbedingungen, die sich erfüllen lassen. Erstens nämlich sollen die Lehrer selbst in solchen Schulen aufwachsen. Zweitens aber soll dem Lehrer in der Wahl des zu lehrenden Stoffes und der von ihm angewendeten Lehrmethoden weitgehende Freiheit gewährt werden. Denn auch für ihn gilt, daß Freude an der Gestaltung seines Wirkens durch Zwang und äußeren Druck getötet wird.

Wenn Sie meiner Betrachtung bis hierher mit Aufmerksamkeit gefolgt sind, werden Sie sich über eines gewiß wundern: Ich habe ausführlich darüber gesprochen, in welchem Geiste die Jugend nach meiner Ansicht in der Schule unterrichtet werden soll. Dagegen habe ich noch gar nichts gesagt über die Wahl der Unterrichtsfächer und über die Lehrmethode. Sollen Sprachen oder naturwissenschaftliche Fachbildung überwiegen?

Hierauf antworte ich: Nach meiner Meinung ist all dies von sekundärer Bedeutung. Wenn ein junger Mensch durch Turnen und Fußwanderungen seine Muskeln und seine körperliche Ausdauer geübt hat, wird er zu jeder körperlichen Arbeit späterhin befähigt sein. Analog ist es auch mit der Trainierung des Geistes und mit der Übung der Geschicklichkeit der Sinne und Hände. Insofern hat der Witzbold nicht unrecht gehabt, der die Bildung so definiert hat: Bildung ist das, was übrigbleibt, wenn man alles vergessen hat, was man in der Schule gelernt hat. Deshalb drängt es mich auch gar nicht dazu, in dem Streite zwischen den Anhängern der klassischen philologisch-historischen und der mehr naturwissenschaftlich orientierten Ausbildung Stellung zu nehmen.

Dagegen möchte ich der Auffassung entgegentreten, daß die Schule unmittelbar jene speziellen Kenntnisse und Fertigkeiten zu lehren habe, die man später im Leben unmittelbar anzuwenden hat. Die Erfordernisse des Lebens sind viel zu mannigfaltig, eine derart spezialisierte Ausbildung in der Schule als möglich erscheinen zu lassen. Abgesehen davon erscheint es mir überhaupt verwerflich, das Individuum zu behandeln wie ein totes Werkzeug. Die Schule soll stets danach trachten, daß der junge Mensch sie als harmonische Persönlichkeit verlasse, nicht als Spezialist. Dies gilt nach meiner Meinung in gewissem Sinne sogar für Fachschulen, deren Absolventen sich ganz bestimmten Berufen zuwenden sollen. Stets soll die Entwicklung der allgemeinen Fähigkeiten selbständigen Denkens, Urteilens und Arbeitens im Vordergrunde stehen, nicht die Erwerbung von Spezialkenntnissen. Wenn jemand die grundlegenden Methoden seines Faches beherrscht und selbständig zu denken und zu arbeiten gelernt hat, so wird er sich schon zurechtfinden und obendrein besser imstande sein, sich Fortschritten und Umwälzungen anzupassen als derjenige, dessen Ausbildung hauptsächlich in der Erwerbung von Detailkenntnissen besteht.

Zum Schluß möchte ich noch einmal betonen, daß das

hier in einer etwas kategorischen Form Gesagte nicht mehr zu bedeuten beansprucht, als die persönliche Meinung eines Menschen, die sich auf nicht mehr gründet als auf die persönliche Erfahrung, die er als Schüler und als Lehrer gesammelt hat. Ich danke Ihnen, daß Sie mir dazu Gelegenheit gegeben haben, vor einer so bedeutsamen Versammlung diese Meinungen auszusprechen.

5
Die Gefährdung unseres kulturellen Erbgutes (1937)

Ich komme Ihrer freundlichen Aufforderung, einige Worte an Sie zu richten, gerne nach. Die Tatsache, daß Sie sich an jemand wenden, der einer andern kulturellen Sphäre angehört als Sie selbst, ist ein erfreuliches Zeichen dafür, daß sich in dieser Zeit der Gefährdung unseres gemeinsamen kulturellen Erbguts alle diejenigen zusammenfinden, denen die Erhaltung dieses wertvollsten Besitzes am Herzen liegt.

Alle Religionen, Künste und Wissenschaften sind Äste des gleichen Baumes. Alle diese Bestrebungen sind darauf gerichtet, das menschliche Leben zu veredeln, es aus der Sphäre eines bloß vitalen Daseins herauszuheben und das Individuum zur inneren Befreiung zu führen. Es ist kein leerer Zufall, daß unsere älteren Universitäten aus geistlichen Schulen sich entwickelt haben. Kirchen und Universitäten dienen – soweit sie ihrer wahren Aufgabe wirklich gerecht werden – der Veredelung der Individuen; sie suchen die hohe Aufgabe durch Verbreitung sittlichen und kulturellen Verstehens zu lösen unter Verzicht auf brutale Machtmittel.

Im 19. Jahrhundert ist das Gefühl der Einheit der kirchlichen und weltlichen kulturellen Institutionen bis zu verständnisloser Kampfeinstellung verlorengegangen; aber es gab keinen Zweifel am Kulturwillen überhaupt. An der Heiligkeit des Zieles zweifelte niemand, nur der Weg war umstritten.

Die politischen und ökonomischen Kämpfe und Verwicklungen der letzten Jahrzehnte aber haben uns Gefahren vor Augen geführt, von denen die schwärzesten Pessimisten des vergangenen Jahrhunderts nichts geahnt haben. Die Leitsätze der Bibel über die menschlichen Beziehungen galten damals Gläubigen und Ungläubigen als selbstverständliche Forderungen für Individuen und Gemeinschaften; niemand wäre ernstgenommen worden, der das Streben nach objektiver Wahrheit und Erkenntnis nicht als hohes und ewiges Ziel der Menschen anerkannt hätte.

Heute aber müssen wir mit Schrecken erkennen, daß diese Grundpfeiler gesitteter menschlicher Existenz ihre Festigkeit eingebüßt haben. Ehemals hochstehende Nationen beugen sich vor Gewalthabern, die offen auszusprechen wagen: Recht ist, was uns nützt! Streben nach Wahrheit um ihrer selbst willen ist unberechtigt und wird nicht geduldet.

Willkür, Unterdrückung, Verfolgung von Individuen, von Überzeugungen und Gemeinschaften werden in jenen Ländern unverhüllt geübt und als berechtigt oder als unvermeidlich hingenommen.

Der Rest der Menschheit aber hat sich langsam an diese Erscheinungen des moralischen Verfalles gewöhnt. Man vermißt die elementare Reaktion gegen das Unrecht und für das Recht, die auf die Dauer den einzigen Schutz der Menschheit gegen den Rückfall in die Barbarei bildet. Ich bin fest davon überzeugt, daß leidenschaftlicher Wille zum Rechte und zur Wahrheit für die Verbesserung der menschlichen Verhältnisse weit mehr geleistet hat als berechnende politische Klugheit, die auf die Dauer doch nichts anderes erzeugt als Mißtrauen aller gegen alle. Kann man daran zweifeln, daß Moses ein besserer Führer der Menschheit gewesen ist als Machiavelli?

Als man während des Krieges einen großen holländischen Gelehrten davon zu überzeugen versuchte, daß in der Geschichte der Menschheit Gewalt vor Recht gehe, sagte er: »Ich kann nicht beweisen, daß Ihre Behauptung über die Menschenwelt unrichtig ist, aber *eines* weiß ich sicher, nämlich daß ich in einer solchen Welt nicht leben möchte.«

Lassen Sie uns denken, fühlen und handeln wie dieser Mann, ohne uns auf verderbliche Kompromisse einzulassen. Lassen Sie uns selbst den Kampf nicht scheuen, wo er für die Erhaltung von Recht und Menschenwürde unvermeidlich ist. Dann werden wir in kurzer Zeit wieder Zustände herbeiführen, die es uns erlauben werden, uns an der Menschheit zu freuen.

6
Gefühlsleben und Moral (1938)

Aus den Erfahrungen an uns selbst wissen wir, daß unser bewußtes Handeln durch unsere Wünsche und Befürchtungen bestimmt wird. Intuitiv erkennen wir, daß es sich auch bei unseren Mitmenschen und den höheren Tieren so verhält. Alle fliehen Tod und Schmerz und suchen, angenehme Gefühle zu erlangen. Alle sind in ihrem Handeln durch Gefühle beherrscht. Diese Gefühle sind so eingerichtet, daß unser Handeln im allgemeinen der Selbsterhaltung und der Erhaltung der Art dienen. Hunger, Liebe, Schmerz, Furcht sind solche inneren Kräfte, die das Individuum lebenserhaltend beherrschen; weiterhin wird das Verhalten des sozialen Geschöpfes zu seinesgleichen durch Gefühle wie Sympathie, Eitelkeit, Haß, Machtbedürfnis, Mitleid beherrscht. Alle solche durch Worte nur mangelhaft ausdrückbaren Elementar-Gefühle liegen auch dem menschlichen Handeln zugrunde. Jegliches Handeln würde aufhören, wenn diese mächtigen elementaren Kräfte aufhörten, in uns zu wirken.

Die uns beherrschenden Elementar-Gefühle scheinen ziemlich genau übereinzustimmen mit den bei den höheren Tieren wirkenden, wie verschieden auch unser Handeln von dem der Tiere erscheinen mag. Der in die Augen springende Unterschied wird bedingt durch die bedeutende Rolle, welche eine verhältnismäßig starke Vorstellungskraft und die durch sprachliche und andere Zeichen unterstützte Denkfähigkeit beim Menschen spielen. Das Denken ist der ordnende Faktor, der beim Menschen zwischen die verursachenden Elementar-Gefühle und das Handeln geschaltet ist.

So treten Phantasie und Verstand in ihrer Rolle als Diener der Elementar-Gefühle ins Dasein. Durch ihr Dazwischentreten wird erreicht, daß die Handlungen immer weniger unmittelbar der Gefühls-Befriedigung dienen. Das elementare Gefühl heftet sich an immer ferner liegende Ziele. Diese Gefühle setzen den Verstand in Funktion, und dieser verursacht Zwischenhandlungen, indem er diese durch Gefühle beflügelt, die ihrerseits von dem Endziel erborgt sind. Dieser immer wieder in Funktion tretende Mechanismus bringt es zuwege, daß Vorstellungen und Gedanken einen starken Affektionswert erlangen, wenn die Ziele längst vergessen sind, denen sie ihren Affektionswert verdanken. In abnormen Fällen solch intensiver, erborgter Gefühle, die sich an Gegenstände von an sich fehlendem Affektionswert hängen, spricht man von Fetischismus. Aber auch in dem normalen Seelenleben spielt der hier angedeutete Vorgang eine eminent wichtige Rolle. Ja, es ist sogar kein Zweifel, daß wir diesem Vorgang, den wir auch als Vergeistigung der Gefühle oder als Beseelung der Gedanken bezeichnen können, die subtilsten Freuden verdanken, deren ein Mensch fähig ist: die Freude an der Schönheit von Kunstwerken und von logischen Gedankengängen.

Wenn ich Ihnen heute diese elementaren psychologischen Überlegungen vorbringe, so fürwahr nicht aus dem Bedürfnis heraus, Ihnen eine gelehrte Vorlesung zu halten. Dies verbietet nicht nur die heutige festliche Gelegenheit, sondern auch meine Armut an tieferer Einsicht auf diesem Gebiete. Ich wollte diese Überlegungen nur als Mittel benutzen, um mit Ihnen zusammen eine Betrachtung anzustellen über die gefährliche Erschütterung, welche die moralischen Grundlagen des menschlichen Zusammenlebens in unserer Zeit bedroht. Was ich Ihnen über das Wesen des Moralischen zu sagen habe, kann erst recht nicht Anspruch auf objektive Gültigkeit erheben. Es ist eher eine Art Bekenntnis meiner eigenen Meinung über diese wichtigste aller menschlichen Fragen. Wenn ich den Gegenstand vorbringe wie eine gesicherte Erkenntnis, so ist es nur, um meine Meinung möglichst einfach und klar darzulegen.

Am Anfang aller moralischen Lehren scheint mir die folgende Erkenntnis zu stehen: Wenn die Menschen einzeln den Antrieben ihrer elementaren Gefühle nachgeben, um für ihre Person Schmerz zu vermeiden und für sich selber Befriedigung zu suchen, so resultiert daraus für alle zusammen ein Zustand der Unsicherheit, der Furcht und unübersehbaren Elends. Wenn sie überdies ihre Intelligenz vom individualistischen, beziehungsweise egoistischen Standpunkt aus verwenden, um so nach der Illusion eines glücklichen individuellen Daseins ihr Handeln einzurichten, wird der Zustand kaum gebessert werden. Im Vergleich zu den übrigen elementaren Gefühlsimpulsen sind die der Liebe, des Mitleids und der Freundschaft zu schwach und zu begrenzt, um zu einem erträglichen Zustand der menschlichen Gesellschaft zu führen.

Die Lösung des Problems ist vom Standpunkt freier Überlegung aus einfach, und sie scheint auch in den Lehren der Weisen der Vorzeit immer in gleicher Weise wiederzukehren:

Alle Menschen sollen nach denselben Grundsätzen ihr Handeln einrichten. Diese Grundsätze sollen so sein, daß durch ihre Befolgung ein möglichst hohes Maß von Sicherheit und Befriedigung und ein möglichst geringes Maß von Schmerz für alle resultiert.

Gewiß ist diese allgemeine Forderung lange nicht klar genug, um aus ihr die einzelnen Vorschriften mit Sicherheit herzuleiten, nach denen die Individuen ihr Handeln einrichten sollen. Ja, diese einzelnen Vorschriften werden sogar je nach Zeitumständen geändert werden müssen.

Wenn aber diese Schwierigkeit die ernsteste wäre, welcher die Realisierung dieses kühnen Gedankens begegnet, so wäre das Los der Menschheit seit Jahrtausenden ein unvergleichlich glücklicheres gewesen, als es tatsächlich der Fall war und ist. Die Menschen hätten einander nicht getötet, gequält und durch Gewalt und List ausgebeutet.

Die wahre Schwierigkeit, die den alten Weisen im Wege stand, gipfelt in der Frage: Wie sollen wir unsere Lehre im Gefühlsleben der Menschen eine solche Macht verleihen, daß ihre Wirkung gegen die elementaren psychischen Kräfte im Individuum aufkommen kann? Natürlich wissen wir nicht, ob die Weisen der Vorzeit sich diese Fragen wirklich bewußt in solcher Art gestellt haben. Aber wir wissen, wie sie dies Problem zu lösen versucht haben.

Lange nämlich, bevor die Menschen für die Aufstellung einer so universalen Moralforderung reif waren, hatte sie die Furcht vor den Gefahren des Lebens dazu geführt, das Wirken der gefürchteten oder auch ersehnten Kräfte in der Natur persönlichen, sinnlich nicht wahrnehmbaren Wesen zuzuschreiben. Diese Wesen, welche in ihrer Phantasie allenthalben walteten, dachten sie sich nach ihrem eigenen Modell seelisch ausgestaltet und mit übermenschlichen Machtmitteln begabt. Es waren die primitiven Vorläufer der Gottesidee, geboren in erster Linie aus der Lebensangst. Der Gedanke von der Existenz solcher machtvollen Wesen übte einen für uns kaum vorstellbar großen Einfluß auf die Menschen und ihr Handeln aus. Es ist deshalb nicht zu verwundern, daß die Urheber des alle Menschen gleichmäßig umspannenden Moralgedankens diesen mit der Religion innig verbanden. Die Gültigkeit derselben Forderungen für alle Menschen mag wesentlich dazu beigetragen haben, daß die religiöse Kultur der Menschheit vom Polytheismus zum Monotheismus sich entwickelte.

Wenn so der universale Moralgedanke ursprünglich der Verknüpfung mit der Religion seine psychische Macht verdankte, so wurde diese enge Verbindung dem Fortschritte des Moralgedankens doch andererseits auch verhängnisvoll. Die monotheistische Religion erfuhr bei verschiedenen Völkern und Gruppen verschiedene Ausgestaltung. Bald wurden die Unterschiede, die eigentlich gar nicht tiefgreifender Art waren, stärker empfunden als das Wesentliche, Gemeinsame. Statt die Menschheit durch den universellen moralischen Gedanken zu vereinigen, verursachte die Religion vielfach Feindschaft und Krieg.

Die Erkenntnisse der Naturwissenschaft und deren bedeutender Einfluß auf das Denken und das praktische Leben haben ferner in der modernen Zeit das religiöse

Gefühl der Völker geschwächt. Das kausale und sachliche Denken, obwohl nicht im Widerspruch mit der religiösen Sphäre, läßt bei den meisten wenig Raum für religiöse Vertiefung. Die traditionelle enge Verbindung von Religion und Moral bringt es mit sich, daß dadurch auch die Intensität des moralischen Denkens und Fühlens ungefähr seit hundert Jahren bedenklich abgenommen hat. Ich sehe hierin eine Hauptursache der Verwilderung der politischen Sitten in unserer Zeit. Diese Verwilderung in Verbindung mit den mächtigen Fortschritten der Technik bildet heute schon eine ernstliche Bedrohung der zivilisierten Menschheit.

Selbstverständlich kann es nur freudig begrüßt werden, daß die Religion im Sinne einer Realisierung des Moralprinzips zu wirken bemüht ist. Aber die moralische Forderung ist nicht nur Sache der Religion und der Kirche, sondern das wichtigste traditionelle Gut der Menschheit. Erwägen Sie unter diesen Gesichtspunkten die Haltung der Schule und der Presse! Überall dominiert der Kultus der Tüchtigkeit und des Erfolges, nicht aber der Wert der Dinge und Menschen vom Standpunkt des moralischen Zieles der Menschheit. Dazu kommt die verderbliche moralische Wirkung eines rücksichtslosen Wirtschaftskampfes.

Die sorgsame Pflege der moralischen Einsicht und Wertung auch außerhalb der religiösen Sphäre wäre ferner dazu berufen, die Menschen zu einer freudigeren Haltung gegenüber allen sozialen Fragen zu führen. Denn rein menschlich betrachtet bedeutet Moral nicht die strenge Forderung eines teilweisen Verzichtes auf die ersehnten Freuden des Lebens, sondern kameradschaftliches Streben nach einem glücklicheren Leben aller Menschen.

Diese Auffassung führt im besonderen zu der Forderung, daß jedem Individuum die Entfaltung der in ihm schlummernden Fähigkeiten ermöglicht werde. Denn nur so kann dem Individuum die Befriedigung zuteil werden, auf die es gerechten Anspruch hat. Und nur durch Erfüllung dieser Forderung kann die Gemeinschaft zu reicher Blüte gebracht werden. Denn alles, was wirklich groß und erhebend ist, wird vom Individuum geschaffen in freiem Streben. Andererseits erscheint Zwang nur insoweit berechtigt, als er für die Sicherung des Daseins nötig ist.

Diese Auffassung führt ferner dazu, die Verschiedenheit der Menschen und menschlichen Gruppen nicht nur zu dulden, sondern freudig zu bejahen und als Bereicherung unseres Daseins zu empfinden. Dies ist das Wesen aller wirklichen Toleranz; ohne Toleranz in diesem weitesten Sinne kann von wahrer Moralität keine Rede sein.

Die Moralität in dem hier skizzierten Sinne ist kein starres System, sondern ein Gesichtspunkt, unter welchem alle Fragen des Lebens beurteilt werden können und sollen. Es ist eine nie endende Aufgabe, die stets unser Urteil leiten und unser Streben beleben soll.

Glauben Sie, daß ein von diesem Ideal erfüllter Mensch sich damit zufriedengeben kann,

daß er von seinen Mitmenschen erheblich mehr Dienste und Güter entgegennimmt als dem Menschen im Durchschnitt zur Verfügung stehen,

daß sein Land in dem Gefühl momentaner militärischer Sicherheit sich nicht beteiligt an dem Streben nach einem System der übernationalen Gerechtigkeit und Sicherung?

Kann er untätig oder gar gleichgültig zusehen, wenn irgendwo in der Welt schuldlose Menschen mit roher Gewalt verfolgt, entrechtet oder gar vernichtet werden?

Diese Fragen stellen, heißt schon sie beantworten.

7
Naturwissenschaft und Religion

Teil I (1939)

Das letzte Jahrhundert und ein Teil des vorletzten waren weitgehend beherrscht durch die Idee eines unversöhnlichen Gegensatzes zwischen Wissen und Glauben. Unter fortgeschrittenen Geistern herrschte die Meinung vor, es sei an der Zeit, daß das Wissen mehr und mehr den Glauben ersetze: Glaube, der nicht auf Wissen gegründet sei, sei Aberglaube und müsse bekämpft werden. Erziehung hat nach dieser Auffassung ausschließlich Denken und Wissen zu vermitteln; die Schule, das vornehmste Organ der Volkserziehung, habe ausschließlich diesem Ziele zu dienen.

In dieser krassen Form mag man die rationalistische Überzeugung selten ausgedrückt finden. Denn die in einer solchen Formulierung involvierte Einseitigkeit würde jedem vernünftigen Menschen einleuchten. Es ist aber gut, eine These scharf und nackt hinzustellen, wenn man über ihr Wesen ins klare kommen will.

Wahr ist es gewiß, daß Überzeugungen nicht solider gestützt werden können als auf Erfahrung und bewußtes, klares Denken. Hier wird man dem extremen Rationalisten unbedingt beistimmen. Der schwache Punkt der Auffassung liegt aber darin, daß diejenigen Überzeugungen, welche für unser Handeln und Werten maßgebend und nötig sind, auf diesem soliden wissenschaftlichen Wege allein überhaupt nicht zu gewinnen sind.

Die wissenschaftliche Methode kann uns nämlich nichts anderes lehren, als Tatsachen in ihrer gegenseitigen Bedingtheit begrifflich zu erfassen. Das Streben nach solcher objektiven Erkenntnis gehört zum Erhabensten, dessen der Mensch fähig ist, und gewiß werde ich bei Ihnen nicht in den Verdacht kommen, die Errungenschaften und heroischen Anstrengungen des Menschengeistes auf diesem Gebiete zu gering einzuschätzen. Aber es ist andererseits klar, daß von der Erkenntnis von dem, was *ist,* kein Weg zu dem führt, was *sein soll.* Aus der noch so klaren und vollkommenen Erkenntnis des Seienden kann kein *Ziel* für unser menschliches Streben abgeleitet werden. Wohl liefert die objektive Erkenntnis mächtige Werkzeuge für das Erreichen von gegebenen Zielen, aber das Ziel selbst und die Sehnsucht, es zu erreichen, muß aus einer andern Quelle kommen. Und es bedarf wohl keiner besonderen Begründung für die Behauptung, daß erst die Setzung von Zielen und Werten unserm Dasein und Wirken einen Sinn verleiht. Wie herrlich auch die Erkenntnis der Wahrheit als solche sein mag, als Führerin ist sie so ohnmächtig, daß sie nicht einmal die Berechtigung und den Wert des Strebens nach eben dieser Erkenntnis der Wahrheit zu begründen vermag! Hier liegt also die Grenze der rein rationalen Erfassung unseres Daseins.

Es ist nun aber keineswegs so, daß vernünftiges Denken bei der Formierung der Ziele und Werturteile überhaupt keine Dienste leisten könnte. Wenn nämlich jemand erkennt, daß für die Erreichung eines Zieles ein gewisses Mittel günstig sei, so wird dadurch dies Mittel selbst ein Ziel. Die Vernunft belehrt uns über die Abhängigkeit der Ziele und Werte voneinander. Was uns bloßes Denken nicht geben kann, das sind die letzten und fundamentalsten Zielsetzungen, nach denen die mehr sekundären orientiert werden. Die Setzung der fundamentalen Ziele und Wertungen und ihre Befestigung im effektiven Leben des einzelnen scheint mir nun die wichtigste Funktion der Religionen im sozialen Leben der Menschen zu sein. Fragt man nun, woher diese fundamentalen Zielsetzungen ihre Autorität nehmen, wenn sie doch von der Vernunft nicht gesetzt und begründet werden können, so kann man nur antworten: Sie sind in einer gesunden Gesellschaft da als mächtige Traditionen, die auf das Verhalten, Streben und Werten der Individuen wirken; sie sind da wie ein lebendiges Wesen da ist, ohne daß es für seine Existenz einer Begründung bedürfte. Sie treten ins Dasein nicht durch Begründung, sondern durch Offenbarung, durch das Wirken starker Persönlichkeiten. Man soll nicht versuchen, sie zu begründen, sondern sie ihrem Wesen nach möglichst klar und rein zu erkennen.

Die obersten Grundsätze unseres Strebens und Wertens sind für uns in der jüdisch-christlich religiösen Tradition gegeben. Es ist ein hohes Ziel, dessen Erreichung unseren schwachen Kräften nur in sehr unvollkommener Weise möglich ist, das aber unserem Streben und Werten eine sichere Basis gibt. Wenn man diese Zielsetzung ihrer religiösen Form entkleidet und nur auf die rein menschliche Seite achtet, mag man sie so ausdrücken:

Freie und selbstverantwortliche Entfaltung des Individuums, damit es seine Kräfte froh und freiwillig in den Dienst der Gemeinschaft aller Menschen stelle.

Da ist kein Platz für Vergottung einer Nation, einer Klasse oder gar eines Individuums. Sind wir nicht alle Kinder eines Vaters? heißt es in der religiösen Sprache. Selbst eine Vergottung der Menschheit als abstraktes Ganzes liegt nicht im Sinne dieses Ideals; der einzelne ist es, dem eine Seele zugesprochen wird. Das hohe Schicksal dieses einzelnen aber ist freiwilliges Dienen und nicht etwa Herrschen oder sich sonstwie zur Geltung bringen.

Achtet man nur auf den Inhalt und nicht auf die Form, so mag man dieselben Worte als den Ausdruck der demokratischen Grundeinstellung betrachten. Der wahre Demokrat vergottet ebensowenig eine Nation, als es der in unserem Sinne religiöse Mensch tun kann.

Was aber ist bei alldem die Aufgabe der Erziehung und der Schule? Sie soll den jungen Menschen in einem Geiste aufwachsen lassen, daß ihm diese Grundsätze so selbstverständlich sind wie die Luft, die er atmet. Mit dem Lehren allein ist da nichts geleistet.

Wenn man sich diese erhabenen Grundsätze lebhaft vor Augen führt und sie mit dem Geschehen und dem Geiste unserer Zeit vergleicht, so sieht man grell die schwere Gefahr, in der die zivilisierte Menschheit gegenwärtig schwebt. In den totalitär regierten Ländern ist es die Regierung selbst, welche diesen Geist der Menschlichkeit direkt zu zerstören sucht. In weniger gefährdeten Gebieten sind es Nationalismus und sonstige Intoleranz sowie Unterdrückung der Individuen durch wirtschaftliche Mittel, welche die wertvollsten Traditionen zu ersticken drohen.

Allgemein ist schon die Erkenntnis von der Schwere der Gefahr bei den denkenden Menschen durchgedrungen, und viel wird nach Mitteln gesucht, der Gefahr zu begegnen: Mittel auf dem Gebiete der nationalen und internationalen Politik, der Gesetzgebung, der Organisation im allgemeinen. Diese Bestrebungen sind gewiß nötig. Die Alten aber wußten etwas, das bei uns in Vergessenheit geraten ist. Jegliches Mittel erweist sich als ein stumpfes Instrument, wenn es nicht vom lebendigen Geiste getragen wird. Wenn aber die Sehnsucht nach dem Erreichen des Zieles kraftvoll in uns lebt, dann wird es uns nicht an Kraft fehlen, die Mittel zu dessen Erreichung zu finden und in die Tat umzusetzen.

Teil II **(1941)**

Darüber, was wir unter Wissenschaft zu verstehen haben, dürften wir uns alle ziemlich leicht einigen können. Wissenschaft ist das durch die Jahrhunderte fortgesetzte Bemühen, die wahrnehmbaren Erscheinungen dieser Welt durch systematisches Denken in einen möglichst vollkommenen Zusammenhang zueinander zu bringen. Kühn ausgedrückt ist es der Versuch einer Nachschöpfung des Seienden auf dem Wege begrifflicher Konstruktion. Wenn ich mich aber frage, was Religion sei, fällt mir die Antwort nicht leicht. Und selbst nachdem ich eine für mich in diesem Augenblick befriedigende Antwort gefunden habe, bin ich doch davon überzeugt, daß sich keineswegs alle, die sich die Frage ernsthaft vorlegen, auch nur einigermaßen über die Antwort einigen können.

Statt zu fragen, was Religion sei, will ich lieber zunächst fragen, wie das Streben eines Menschen beschaffen ist, der auf mich den Eindruck eines religiösen Menschen macht: einer, der sich nach seinem besten Vermögen von den Fesseln seiner selbstischen Wünsche befreit hat und erfüllt ist von Gedanken, Gefühlen und Bestrebungen, an denen er hängt um deren außerpersönlichen Wertes willen, der erscheint mir als ein religiös erleuchteter Mensch. Auf die Stärke dieser außerpersönlichen Inhalte und auf die Tiefe der Überzeugung von deren überwältigender Bedeutung scheint es mir dabei anzukommen, unabhängig davon, ob der Versuch gemacht wird, diese Inhalte mit einer göttlichen Person in Verbindung zu bringen; denn sonst dürfte man Buddha und Spinoza nicht zu den religiösen Persönlichkeiten zählen. Ein religiöser Mensch ist demnach in dem Sinne gläubig, daß er nicht zweifelt an der Bedeutung und Erhabenheit jener außerpersönlichen Inhalte und Ziele, die einer verstandesmäßigen Begründung weder fähig sind noch bedürfen. Sie sind da mit derselben Notwendigkeit und Selbstverständlichkeit wie er selbst. Religion in diesem Sinne ist das durch die Jahrhunderte fortgesetzte Streben der Menschen, sich dieser Werte und Ziele vollständig und klar bewußt zu werden und sie zu stets verstärkter und vertiefter Wirkung zu bringen. Faßt man Religion und Wissenschaft im Sinne dieser Definitionen auf, so erscheint ein Konflikt zwischen beiden unmöglich. Denn die Wissenschaft kann nur feststellen, was *ist*, nicht aber, was sein soll; Werturteile jeder Art bleiben notwendig außerhalb ihres Bereiches. Die Religion aber hat nur mit Wertungen menschlichen Denkens und Tuns zu schaffen; sie kann mit Recht nichts aussagen über Tatsachen und Relationen zwischen Tatsachen. Die wohlbekannten Konflikte zwischen Religion und Wissenschaft in der Vergangenheit sind nach dieser Auffassung lediglich auf eine Verkennung des geschilderten Sachverhaltes zurückzuführen.

Ein Konflikt tritt zum Beispiel ein, wenn eine religiöse Gemeinschaft die absolute Wahrheit aller Aussagen behauptet, die in der Bibel berichtet werden. Dies bedeutet einen Übergriff der Religion in die Sphäre der Wissenschaft. Hierher gehört der Kampf der Kirche gegen Galileis und Darwins Lehren. Umgekehrt haben Vertreter der Wissenschaft oft den Versuch unternommen, auf Grund wissenschaftlicher Methoden fundamentale Urteile zu gewinnen über Werte und Ziele, und sich auf diese Weise der Religion entgegengestellt. All diese Konflikte sind aus fatalen Irrtümern entsprungen.

Wenn demnach die Gebiete von Religion und Wissenschaft an sich sauber getrennt sind, so bestehen doch zwischen beiden starke Wechselbeziehungen und Abhängigkeiten. Wenn die Religion es ist, die Ziele setzt, so hat sie doch von der Wissenschaft im weitesten Sinn erfahren, welche Mittel zur Erreichung der von ihr gesetzten Ziele beitragen können. Wissenschaft aber kann nur geschaffen werden von Menschen, die ganz erfüllt sind von dem Streben nach Wahrheit und Begreifen. Diese Gefühlsbasis aber entstammt der religiösen Sphäre. Hierher gehört auch das Vertrauen in die Möglichkeit, die in der Welt des Seienden geltenden Gesetzmäßigkeiten seien vernünftig, d. h. durch die Vernunft begreifbar. Ohne solchen tiefen Glauben kann ich mir einen wirklichen Forscher nicht vorstellen. Man kann den Sachverhalt durch ein Bild ausdrücken: Wissenschaft ohne Religion ist lahm, Religion ohne Wissenschaft blind.

Wenn ich nun im vorhergehenden behauptet habe, daß es in Wahrheit einen berechtigten Konflikt zwischen Religion und Wissenschaft nicht geben könne, so muß ich diese Behauptung mit Rücksicht auf die Inhalte der tatsächlich gelehrten Religionen doch wieder in einem wesentlichen Punkte einschränken. Diese Einschränkung bezieht sich auf den Gottesbegriff. In der Jugendzeit der menschlichen Geistesentwicklung schuf die menschliche Phantasie Götter nach menschlichem Ebenbilde, die durch ihre Willenshandlungen das Geschehen in der Welt bestimmen oder doch beeinflussen sollten. Diese Götter suchte der Mensch durch Magie und Gebet zu seinen Gunsten umzustimmen. Der Gottesbegriff der gegenwärtig gelehrten Religionen ist eine Sublimierung jener alten Götter-Vorstellung. Seine anthropomorphe Natur zeigt sich zum Beispiel darin, daß die Menschen das göttliche Wesen im Gebet anrufen und es um Erfüllung von Wünschen anflehen.

Daß die Idee von der Existenz eines allmächtigen, allgütigen und gerechten persönlichen Gottes dem Menschen Trost, Stütze und Führung geben kann, wird gewiß niemand leugnen. Sie ist auch in ihrer Einfachheit dem primitivsten Geiste zugänglich. Andererseits aber haften dieser Idee an sich entscheidende Schwächen an, die seit Urzeiten schmerzlich gefühlt werden. Wenn nämlich dieses Wesen allmächtig ist, so ist jedes Geschehen, also auch jede menschliche Handlung, jeder menschliche Gedanke und jedes menschliche Gefühl und Streben, sein Werk. Wie kann man denken, daß vor einem solchen allmächtigen Wesen der Mensch für sein Tun und Trachten verantwortlich sei? In seinem Belohnen und Bestrafen würde er gewissermaßen sich selbst richten. Wie ist dies mit der ihm zugeschriebenen Gerechtigkeit und Güte vereinbar?

In dieser persönlichen Gottesidee liegt nun die Hauptursache des gegenwärtigen Konflikts zwischen der religiösen und der wissenschaftlichen Sphäre. Die Wissenschaft sucht, allgemeine Regeln aufzustellen, die den gegenseitigen Zusammenhang der Dinge und Ereignisse in Raum und Zeit bestimmen. Für diese Regeln, beziehungsweise Naturgesetze wird allgemeine und ausnahmslose Gültigkeit gefordert – nicht bewiesen. Es ist zunächst nur ein Programm, und der Glaube in seine prinzipielle Durchführbarkeit ist nur durch Teilerfolge begründet. Aber es dürfte sich doch kaum jemand finden, der diese Teilerfolge leugnen und auf menschliche Selbsttäuschung zurückführen möchte. Die Tatsache, daß wir auf Grund solcher Gesetze den zeitlichen Verlauf von Erscheinungen auf gewissen Gebieten mit großer Genauigkeit und Sicherheit vorherzusagen vermögen, sitzt tief im Bewußtsein des modernen Menschen, selbst wenn er vom Inhalt jener Gesetze sehr wenig erfaßt hat. Er braucht nur daran zu denken, daß der Lauf der Planeten des Sonnensystems mit großer Genauigkeit im voraus berechnet werden kann auf Grund weniger, einfacher Gesetze. Ähnlich, wenn auch nicht mit derselben Genauigkeit, läßt sich die Wirkungsweise einer elektrischen Kraftmaschine, eines Leitungssystems, eines Radioapparates vorausberechnen, auch wenn es sich um eine neuartige Anlage handelt.

Wenn die Zahl der bei einem Phänomen-Komplex ins Spiel tretenden Faktoren zu groß ist, versagt allerdings die wissenschaftliche Methode in den meisten Fällen. Man denke an die Vorausbestimmung des Wetters. Hier ist Voraussage auch nur für wenige Tage unmöglich. Aber doch zweifelt man nicht, daß man einem kausalen Zusammenhang gegenübersteht, dessen kausale Komponenten uns im wesentlichen bekannt sind. Was auf diesem Gebiete geschieht, entzieht sich exakter Vorausbestimmung durch die Mannigfaltigkeiten der ins Spiel tretenden Faktoren, durch einen Mangel an Gesetzlichkeit in der Natur.

Viel weniger tief sind wir in die Gesetzlichkeiten auf dem Gebiete der lebenden Wesen eingedrungen, aber doch tief genug, um das Walten der starren Notwendigkeit wenigstens zu fühlen. Man braucht nur an die Gesetzlichkeiten der Vererbung zu denken, und an die Wirkung von Giften, zum Beispiel Alkohol, auf das Verhalten organischer Wesen. Es fehlt hier noch das Verständnis für tiefe allgemeine Zusammenhänge, nicht aber die Erkenntnis der Gesetzlichkeit selbst.

Je mehr nun ein Mensch durchdrungen ist von der gesetzlichen Ordnung allen Geschehens, desto fester wird seine Überzeugung, daß neben jener gesetzlichen Ordnung für Ursachen anderen Charakters kein Platz mehr bleibt. Für ihn gibt es weder ein Walten menschlichen noch göttlichen Willens als selbständige Ursache im Naturgeschehen. Allerdings ist es nicht so, daß die Lehre von einem ins Naturgeschehen eingreifenden persönlichen Gott durch die Wissenschaft im eigentlichen Sinne *widerlegt* werden könnte. Denn diese Lehre kann sich immer in jene Gebiete flüchten, in welchen die wissenschaftliche Erkenntnis noch nicht hat Fuß fassen können.

Eine solche Haltung der Vertreter der Religion wäre aber nach meiner Überzeugung nicht nur unwürdig, sondern auch verhängnisvoll. Denn eine Lehre, welche nicht im hellen Licht, sondern nur im Dunkeln sich zu halten vermag, wird notwendig ihre Wirkung auf die Menschen verlieren, zum unermeßlichen Schaden für die Entwicklung der Menschheit. Die Lehren der Religion müssen die Größe haben, in ihrem Kampfe für die ethischen Güter auf die Lehre vom Wirken eines persönlichen Gottes, d. h. auf jene Quelle von Furcht und Hoffnung zu verzichten, welche den Priestern vergangener Zeiten so große Macht in die Hand gab. Sie werden sich bei ihrem Wirken auf die Kräfte zu stützen haben, welche das Gute, Schöne und Wahre selbst auf die Menschen auszuüben vermögen. Dies ist eine zwar schwierigere, aber auch unvergleichlich würdigere Aufgabe.* Wenn die Lehrer der Religion den angedeuteten Prozeß der Läuterung vollzogen haben werden, werden sie gewiß freudig anerkennen, daß wahre Religion durch wissenschaftliche Erkenntnis veredelt und vertieft worden ist.

Wenn es ein Ziel der Religion ist, den Menschen nach Möglichkeit von der Sklaverei egozentrischen Begehrens, Wünschens und Fürchtens zu befreien, so vermag die wissenschaftliche Vernunft der Religion noch in einem zweiten Sinne zu helfen. Es ist richtig, daß die Religion bestrebt ist, die Regeln aufzufinden, welche Tatsachen zu verknüpfen und vorauszusagen gestatten. Aber dies ist nicht alles, was sie erstrebt. Sie sucht auch, die

---

* Dieser Gedanke ist von Herbert Samuel (*Belief and Action: An Everyday Philosophy*. London 1937) überzeugend dargelegt.

gefundenen Zusammenhänge auf eine möglichst geringe Zahl voneinander unabhängiger Begriffselemente zu reduzieren. Bei diesem Streben nach rationaler Vereinigung des Mannigfaltigen erlebt sie ihre größten Erfolge, wenngleich sie gerade bei diesem Streben sich am meisten in Gefahr begibt, Illusionen zum Opfer zu fallen. Wer aber erfolgreiche Schritte auf diesem Gebiete intensiv erlebt, der wird von einer tiefen Verehrung für die in dem Seienden sich manifestierende Vernunft ergriffen. Er gelangt auf dem Wege des Begreifens zu einer weitgehenden Befreiung von den Fesseln des persönlichenWünschens und Hoffens und zu jener demütigen Einstellung des Gemüts gegenüber der in ihren letzten Tiefen dem Menschen unzugänglichen Größe der im Seienden verkörperten Vernunft. Diese Einstellung aber scheint mir im höchsten Sinne des Wortes eine religiöse zu sein. So scheint mir die Wissenschaft das religiöse Motiv nicht nur von anthropomorphen Schlakken zu reinigen, sondern auch zur religiösen Vergeistigung der Lebensauffassung beizutragen.

Je weiter die geistige Entwicklung des Menschen vorschreitet, in desto höherem Grade scheint es mir zuzutreffen, daß der Weg zu wahrer Religiosität nicht über Daseinsfurcht, Todesfurcht und blinden Glauben, sondern über das Streben nach vernünftiger Erkenntnis führt. In diesem Sinne glaube ich, daß aus dem Priester ein Lehrer werden muß, wenn er seiner hohen erzieherischen Aufgabe gerecht werden will.

8
Zehn schicksalsschwere Jahre (1939)

Wenn ich die Zeilen wieder durchlese, die ich vor zehn Jahren zu dem Bande *Living Philosophies* beigetragen habe,* so erhalte ich zwei merkwürdig kontrastierende Eindrücke. Erstens nämlich scheint mir das Geschriebene sachlich noch ebenso zutreffend wie damals; zweitens aber erscheint mir dies alles so merkwürdig ferne und fremd. Wie ist dies möglich? Hat sich die Menschenwelt in zehn Jahren wirklich so grundlegend verändert oder erscheint mir alles in so verschiedenen Farben, weil ich zehn Jahre älter geworden bin und mein Auge infolgedessen alles in verändertem, trüberem Lichte sieht? Was bedeuten zehn Jahre in der Geschichte der Menschheit? Sind nicht alle bestimmenden Kräfte, die das Leben der Menschen bestimmen, gegenüber so geringfügigen Zeitdifferenzen als konstant zu betrachten? Ist meine abwägende Vernunft so hinfällig, daß die physiologischen Änderungen meiner Person in diesen zehn Jahren meine Einstellung zum Leben so empfindlich zu beeinflussen vermochten? Es scheint mir klar, daß diese Gesichtspunkte den Wechsel der gefühlsmäßigen Einstellung zu den allgemeinen Fragen des Lebens nicht aufklären können. Auch weiß ich, daß mein persönliches äußeres Schicksal in meinem Denken und Fühlen stets eine ziemlich nebensächliche Rolle gespielt hat, daß also auch hier der Grund für die seltsame Veränderung nicht zu suchen ist.

Nein, es handelt sich um etwas ganz anderes: In diesen zehn Jahren ist das Vertrauen in die Stabilität, ja in die Lebensfähigkeit der zivilisierten menschlichen Gesellschaft weitgehend dahingeschwunden. Man fühlt nicht nur eine Bedrohung des menschlichen Kulturgutes, sondern auch eine geringere Wertung alles dessen, was man mit allen Kräften verteidigt wissen möchte.

Zwar war in einem wissenden Menschen gewiß zu allen Zeiten das Bewußtsein lebendig, daß das Leben des

---

* siehe Albert Einstein, *Mein Weltbild* (Zürich 1974), Seite 7

Individuums ein Abenteuer sei, daß das Leben beständig dem Tode abgerungen werden müsse. Die Gefahren waren zum Teil äußere: Man konnte die Treppe hinunterfallen und sich den Hals brechen, ohne Schuld seinen Lebensunterhalt verlieren oder gar durch Irrtum unschuldig verurteilt oder durch eine Verleumdung ruiniert werden. Das Zusammenleben mit Menschen barg Gefahren verschiedenster Art in sich; aber diese Gefahren waren chaotischer Art, dem Zufall unterworfen. Die menschliche Gesellschaft, in der man lebte, aber war als Ganzes scheinbar stabil. Sie war zwar an den Idealen des Geschmacks und der Moral gemessen höchst unvollkommen. Aber man glaubte, sie im Ganzen genommen zu kennen, und – abgesehen von Zufällen aller Art, die sie bot – man fühlte sich in ihr gewissermaßen sicher. Man empfand ihre wesentlichen Qualitäten als etwas Selbstverständliches, ähnlich der Luft, die man einatmet. Auch die Maßstäbe für das, was als gut, erstrebenswert und vom Standpunkte des praktischen Lebens als wahr anzusehen sei, galten als sicher und als ein allen Gliedern der zivilisierten Menschheit gemeinsames, unantastbares Gut.

Allerdings hatte bereits der Weltkrieg dies Gefühl der Sicherheit erschüttert. Da wurden die Heiligkeit des Lebens und die freie Verfügung des Individuums über sich selbst aufgehoben, die Lüge zum Instrument der Politik erhoben. Aber der Krieg wurde weitgehend als eine Art äußeres Ereignis empfunden, nicht oder nur teilweise als Folge des bewußten planmäßigen Handelns von Menschen, eine Unterbrechung des normalen Lebens der Menschheit durch äußere Ursachen, ein Zustand, der von allen als unglücklich und schlecht empfunden wurde. Das Gefühl der Sicherheit hinsichtlich menschlicher Ziele und Werte blieb in der Hauptsache unerschüttert.

Die nachfolgende Entwicklung markiert sich scharf durch politische Geschehnisse, die aber weniger tiefgreifend waren als ihr weniger leicht faßbarer psychologisch-sozialer Hintergrund. Erst ein kurzer hoffnungsvoller Aufstieg, charakterisiert durch die Schaffung des Völkerbundes dank Wilsons groß angelegter Initiative und die Aufrichtung eines Systems kollektiver Sicherheit der Nationen, dann die Bildung faschistischer Staatsgebilde, verbunden mit einer Kette von Vertragsbrüchen und unverhüllten Gewaltakten gegen Menschen und militärisch schwächere Nationen. Das System der kollektiven Sicherheit fiel zusammen wie ein Kartenhaus. Dieser Zusammenbruch ist heute in seinen Folgen noch unübersehbar. Er manifestierte eine Charakterschwäche und Verantwortungslosigkeit der geistig führenden Schichten der betroffenen Länder und einen kurzsichtigen Egoismus in den bisher äußerlich intakt gebliebenen Demokratien, die eine energische Gegenaktion nicht aufkommen ließen. Es kam schlimmer, als der scharfäugigste Pessimist zu prophezeien gewagt hätte. In Europa östlich des Rheines gibt es so gut wie keine freie geistige Betätigung mehr, und die Bevölkerung wird durch zur Macht gelangte Verbrecher terrorisiert, die Jugend durch systematische Lügen vergiftet. Der Scheinerfolg politischer Abenteurer hat die übrige Welt geblendet; überall zeigt es sich, daß diese Generation die starken Kräfte vermissen läßt, die in den letzten Jahrhunderten die politische und intellektuelle Freiheit des Individuums mühselig und mit schweren Opfern erkämpft haben.

Das Bewußtsein von dieser Sachlage überschattet jede Stunde meines gegenwärtigen Daseins, während ich vor zehn Jahren noch nicht davon erfüllt war; dies ist es, was ich bei dem Durchlesen der damals niedergeschriebenen Zeilen so stark empfinde.

Und doch weiß ich, daß die Menschen im ganzen sich wenig verändern, wenn auch die Mode, der sie folgen, sie in verschiedenen Zeiten als sehr verschieden erscheinen läßt, und wenn auch Zeitströmungen, wie die jetzige, unvorstellbares Leid über sie bringt. Nichts davon wird bleiben als eine armselige Seite in den Geschichtsbüchern, in welchen der Jugend späterer Geschlechter die Torheiten der Vorfahren in gedrängter Form vor Augen geführt werden.

9
Freiheit und Wissenschaft (1940)

Ich weiß, daß es ein hoffnungsloses Beginnen ist, über fundamentale Werturteile zu debattieren. Wenn zum Beispiel jemand das Ziel gutheißt, daß die Menschheit von der Erde vertilgt werden solle, so kann man eine solche Einstellung nicht mit Vernunftgründen widerlegen. Wenn man aber über gewisse Werte und Ziele einig ist, so kann man vernünftig argumentieren über Mittel, durch welche jene Ziele erreicht werden können.

Es seien nun zwei Ziele genannt, die wohl von beinahe allen geteilt werden dürften, welche diese Zeilen lesen: 1) Die zur Erhaltung von Leben und Gesundheit aller Menschen nötigen Gebrauchsgüter sollen durch den geringst möglichen Arbeitsaufwand aller erzeugt werden. 2) Die Befriedigung der körperlichen Bedürfnisse allein ist zwar unerläßliche Vorbedingung für ein befriedigendes Dasein, aber die Erfüllung dieses Zieles genügt noch nicht. Um befriedigt sein zu können, muß der Mensch auch die Möglichkeit haben, sich geistig und künstlerisch so weit zu entwickeln, wie es seiner persönlichen Eigenart und Fähigkeit entspricht.

Das erste dieser beiden Ziele verlangt die Förderung aller Kenntnisse, die sich auf die Naturgesetze und die

Gesetze der sozialen Vorgänge beziehen, d. h. die Förderung allen wissenschaftlichen Strebens. Denn das wissenschaftliche Streben ist ein natürliches Ganzes, dessen Teile sich gegenseitig stützen in einer Weise, die von niemanden vorhergesehen werden kann. Das Gedeihen der Wissenschaft setzt aber die Möglichkeit ungehinderter Mitteilung aller Ergebnisse und Meinungen voraus: Freiheit der Meinungsäußerungen und des Lehrens auf allen Gebieten des intellektuellen Strebens. Unter Freiheit verstehe ich einen solchen Zustand der Gesellschaft, in dem Äußerung einer Meinung oder Behauptung über allgemeine und spezielle Gegenstände der Erkenntnis für die Existenz desjenigen, der sie äußert, keine Gefährdung oder ernsthafte Benachteiligung mit sich bringen. Diese Freiheit der Mitteilung ist unerläßlich für die praktisch so wichtige Entwicklung und Verbreitung wissenschaftlicher Erkenntnis. Sie muß in erster Linie durch das Gesetz verbürgt sein. Das Gesetz allein aber kann die Freiheit der Äußerung nicht verbürgen; es muß eine tolerante Einstellung der ganzen Bevölkerung hinzukommen, damit jedermann ungestraft seine Meinung vertreten kann. Ein solches Ideal äußerer Freiheit kann nie völlig erreicht, muß aber unablässig erstrebt werden, wenn das wissenschaftliche und überhaupt das kritische und produktive Denken nach Möglichkeit gefördert werden soll.

Eine zweite Art äußerer Freiheit ist nötig, wenn auch das zweite Ziel, nämlich die Möglichkeit der geistigen Entwicklung aller Individuen, erreicht werden soll. Der Mensch soll zur Erlangung des Lebensnotwendigen nicht so viel arbeiten müssen, daß ihm weder Zeit noch Kraft zu privaten Beschäftigungen bleiben. Ohne diese zweite Art äußerer Freiheit nützt ihm die Freiheit der Äußerung nichts. Durch die Fortschritte der Technik wäre die Möglichkeit dieser Art Freiheit gegeben, wenn die Aufgabe einer vernünftigen Verteilung der Arbeit gelöst wäre.

Zur Entfaltung der Wissenschaft und überhaupt der produktiven geistigen Tätigkeit bedarf es aber noch einer anderen Art von Freiheit, die man als innere Freiheit bezeichnen könnte. Es ist jene Freiheit des Geistes, die in der Unabhängigkeit des Denkens von Fesseln autoritärer und gesellschaftlicher Vorurteile sowie von Fesseln unkritischer Routine und Gewohnheit besteht. Diese innere Freiheit ist eine seltene Gabe der Natur und ein würdiges Ziel für das Individuum. Aber auch für die Erzielung dieser inneren Freiheit kann die Gemeinschaft vieles leisten, indem sie wenigstens deren Entfaltung nicht verhindert. Die Schule kann nämlich durch autoritäre Beeinflussung und durch übertriebene geistige Belastung der jugendlichen Individuen die Entfaltung der inneren Freiheit verhindern oder durch Ermutigung unabhängigen Denkens begünstigen. Nur wenn äußere und innere Freiheit dauernd und bewußt erstrebt werden, ist die Möglichkeit zu geistiger Entwicklung und zur Vervollkommnung und Verbesserung des äußeren und inneren Lebens gegeben.

10
Die Gesetze der Naturwissenschaft und die Gesetze der Ethik (1950)

Die Wissenschaft sucht Beziehungen aufzufinden, die prinzipiell unabhängig vom forschenden Menschen existieren. Dies schließt nicht aus, daß der Mensch selbst Gegenstand jener Beziehungen sein mag, oder in der Mathematik, daß von uns geschaffene Begriffe, die keinen Anspruch auf Beziehung zu einer »Außenwelt« machen, Gegenstand wissenschaftlicher Aussagen sein können. Wissenschaftliche Äußerungen und Gesetze sind von solchem Charakter, daß wir sie als wahr oder falsch, als zutreffend oder nicht zutreffend bezeichnen können; unsere Reaktion ist – grob gesprochen – »Ja« oder »Nein«.

Die wissenschaftliche Denkweise ist von solcher Art, daß die den systematischen Zusammenhang bedingenden Begriffe keine Beziehung zum emotionellen Erleben haben. Da gibt es nur ein »So-Sein«, aber kein Wollen, kein Werten, kein Gut und kein Schlecht, kein Ziel. Solange wir uns auf dem eigentlich wissenschaftlichen Gebiete bewegen, können wir daher niemals einem Satz begegnen von der Art: Du sollst nicht lügen! Die sozusagen puritanische Einstellung des Wahrheitssuchers mit Bezug auf das Emotionelle und Voluntaristische ist übrigens das Resultat einer langsamen Entwicklung, ein charakteristischer Zug des modernen abendländischen Denkens.

Demgemäß könnte es scheinen, als ob logisches Denken auf ethischem Gebiete keinen Platz hätte. Die wissenschaftlichen Aussagen, die sich auf das Konstatieren von Sachverhalten und von Beziehungen zwischen diesen beschränken, können allerdings keine ethischen Vorschriften liefern. Aber logisches Denken und wissenschaftliche Erfahrungen können ethische Vorschriften in einen vernünftigen Zusammenhang bringen. Aus ethischen Sätzen, auf die man sich geeinigt hat, können andere gefolgert werden, falls diese ethischen Prämissen nur scharf genug formuliert sind. Diese ethischen Prämissen spielen in der Ethik im Prinzip eine ähnliche Rolle wie etwa die Axiome in einer mathematischen Disziplin.

Damit hängt es zusammen, daß man Fragen wie »Warum soll man nicht lügen?« durchaus nicht als sinnlos empfindet. Dies ist natürlich darin begründet, daß bei einer Diskussion solcher Art gewisse ethische Prämissen stillschweigend vorausgesetzt werden und daß wir es als befriedigende Antwort empfinden, wenn eine logische Zurückführung auf solche Prämissen gelungen zu sein scheint. Im Falle des Lügens mag dies etwa so geschehen: Lügen zerstört Vertrauen in Aussagen anderer. Ohne solches Vertrauen ist gesellschaftliche Zusammenarbeit unmöglich oder wenigstens sehr erschwert. Solche Zusammenarbeit ist aber nötig, um das Leben der Menschen möglich bzw. erträglich zu machen. Also Zurückführen auf Forderungen wie »das Leben der Menschen soll erhalten werden« oder »Schmerz und Mühsal sollen möglichst eingeschränkt werden«.

Wo aber stammen solche ethischen Axiome her? Sind sie willkürlich? Sind sie auf bloße Autorität gegründet? Stammen sie aus menschlichen Erfahrungen, durch welche sie indirekt bedingt werden?

Vom rein logischen Standpunkte sind Axiome stets willkürlich, also auch die ethischen Axiome; psychologisch und genetisch betrachtet sind sie aber keineswegs willkürlich. Sie stammen aus dem angeborenen Streben, Schmerz und Vernichtung zu vermeiden, aus den gehäuften emotionellen Reaktionen der Individuen auf das Verhalten der Nebenmenschen. Der Versuch, hinreichend umfassende und hinreichend fundierte ethische Axiome aufzustellen, welche die Menschen auf Grund der unübersehbaren Masse ihrer emotionellen Einzelerlebnisse zu akzeptieren bereit sind, ist den moralischen Genies der Menschheit vorbehalten. Es ist damit nicht viel anders als mit den Axiomen der Wissenschaft. Die »Wahrheit« liegt in der Bewährung.

11
Über die moralische Pflicht der Wissenschaftler (1950)

Erlauben Sie mir, zuerst meinen herzlichen Dank für die an mich gerichtete Einladung zu dem Kongreß der *Italienischen Vereinigung für den Fortschritt der Wissenschaft* auszusprechen. Ich würde dieser Einladung mit Freude Folge leisten, wenn es mir meine geschwächte Gesundheit erlauben würde. So aber muß ich mich damit begnügen, von hieraus ein paar Worte an Sie zu richten. Dies tue ich hier nicht in der Illusion, ich könnte Ihnen etwas sagen, was tatsächlich irgendwie Ihre Erkenntnis bereichert. Wir leben jedoch in einer Zeit solcher äußeren und inneren Unsicherheit, in einer Zeit solchen Mangels an festen Zielen, daß auch das Bekennen von Überzeugungen von Wert sein kann, auch dann, wenn diese Überzeugungen nicht so sind, daß sie logisch begründet werden können.

Da tut sich sogleich die Frage auf: Sollen wir die Erkenntnis der Wahrheit – oder bescheidener ausgedrückt – das Begreifen der erfahrbaren Welt durch konstruktives logisches Denken als ein selbständiges Ziel unseres Strebens wählen? Oder soll dies Streben nach vernünftiger Erkenntnis irgendwelcher Art von andersartigen, zum Beispiel »praktischen« Zielen untergeordnet werden? Das bloße Denken hat keine Mittel, diese Frage zu entscheiden. Die Entscheidung hat aber erheblichen Einfluß auf unser Denken und Werten, vorausgesetzt daß sie den Charakter unerschütterlicher Überzeugung hat. Lassen Sie mich also bekennen: Für mich ist das Streben nach Erkenntnis eines von denjenigen selbständigen Zielen, ohne welche für den denkenden Menschen eine bewußte Bejahung des Daseins nicht möglich erscheint.

Es liegt im Wesen des Erkenntnisstrebens, daß es sowohl die weitgehende Bewältigung der Erfahrungs-Mannigfaltigkeit als auch Einfachheit und Sparsamkeit der Grundhypothesen anstrebt. Die endliche Vereinbarkeit dieser Ziele ist bei dem primitiven Zustand unseres Forschens eine Sache des Glaubens. Ohne solchen Glauben wäre für mich die Überzeugung vom selbständigen Werte der Erkenntnis nicht stark und unerschütterlich.

Diese sozusagen religiöse Einstellung des wissenschaftlichen Menschen zur Wahrheit ist nicht ohne Einfluß auf die Gesamtpersönlichkeit. Denn außer dem durch die Erfahrung Gegebenen und den Denkgesetzen gibt es für den Forscher im Prinzip keine Autorität, deren Entscheidungen oder Mitteilungen an sich den Anspruch auf Wahrheit erheben können. Dadurch entsteht die Paradoxie, daß ein Mensch, der seine besten Kräfte objektiven Dingen widmet, sozial betrachtet, zum extremen Individualisten wird, der sich – im Prinzip wenigstens – auf nichts verläßt als auf sein eigenes Urteil. Man kann sogar sehr wohl die Ansicht vertreten, daß intellektueller Individualismus und wissenschaftliches Streben zusammen in der Geschichte aufgetreten und seitdem unzertrennlich geblieben sind.

Nun mag man sagen, daß der so skizzierte wissenschaftliche Mensch nichts weiter sei als eine bloße Abstraktion, die man in dieser Welt nicht in Fleisch und Blut vorfindet, etwas Analoges zu dem *homo economicus* der klassischen Ökonomie. Es scheint mir aber, daß etwas wie die Wissenschaft, wie wir sie heute vor uns haben, nicht hätte entstehen und lebenskräftig bleiben können, wenn der wissenschaftliche Mensch nicht wenigstens in beträchtlicher Näherung in vielen Individuen viele Jahrhunderte hindurch tatsächlich existiert hätte.

Natürlich sehe ich nicht einen wissenschaftlichen

Menschen in jedem, der Werkzeuge und Methoden anzuwenden gelernt hat, die direkt oder indirekt als »wissenschaftlich« erscheinen. Nur jene sind gemeint, in welchen die wissenschaftliche Mentalität wirklich lebendig ist.

Wie steht nun der wissenschaftliche Mensch von heute im sozialen Körper der Menschheit? Er ist wohl irgendwie stolz darauf, daß die Arbeit von seinesgleichen, wenn auch zumeist indirekt, das wirtschaftliche Leben der Menschen durch die weitgehende Eliminierung der Muskelarbeit total umgestaltet hat. Er ist auch wohl bedrückt darüber, daß seine Forschungsergebnisse eine akute Bedrohung der Menschheit mit sich gebracht haben, nachdem die Früchte dieser Forschung in die Hände seelenblinder Träger der politischen Gewalt gefallen sind. Er ist sich des Umstandes bewußt, daß die auf seinen Forschungen fußenden technischen Methoden zu einer Konzentration der wirtschaftlichen und damit auch der politischen Macht in die Hände kleiner Minoritäten geführt haben, von deren Manipulationen das Schicksal des immer mehr amorph erscheinenden Haufens der Individuen völlig abhängig geworden ist. Noch mehr: Jene Konzentration der wirtschaftlichen und politischen Macht in wenigen Händen hat nicht nur eine äußere materielle Abhängigkeit auch des wissenschaftlichen Menschen mit sich gebracht; sie bedroht auch seine Existenz von innen, indem sie durch die Schaffung raffinierter Mittel geistiger und seelischer Beeinflussung den Nachwuchs unabhängiger Persönlichkeiten unterbindet.

So sehen wir an dem wissenschaftlichen Menschen ein wahrhaft tragisches Schicksal sich vollziehen. Getragen von dem Streben nach Klarheit und innerer Unabhängigkeit hat er durch seine schier übermenschlichen Anstrengungen die Mittel zu seiner äußeren Versklavung und seiner Vernichtung von innen her geschaffen. Von den Trägern der politischen Macht muß er sich einen Maulkorb anhängen lassen. Er wird gezwungen, als Soldat sein eigenes Leben zu opfern und fremdes Leben zu zerstören, auch wenn er von der Sinnlosigkeit solchen Opfers überzeugt ist. Er sieht zwar mit aller Klarheit, daß der historisch bedingte Umstand, daß die Nationalstaaten die Träger der wirtschaftlichen, politischen und damit auch der militärischen Macht sind, zur Vernichtung aller führen muß. Er weiß, daß nur die Ablösung der Methoden der nackten Gewalt durch eine übernationale Rechtsordnung die Menschen noch retten kann. Aber es ist schon so weit mit ihm gekommen, daß er die von den Nationalstaaten über ihn verhängte Sklaverei als unabwendbares Schicksal hinnimmt. Er erniedrigt sich sogar so weit, daß er auf Befehl die Mittel für die allgemeine Vernichtung der Menschen weiter zu vervollkommnen hilft.

Muß der wissenschaftliche Mensch wirklich alle diese Erniedrigungen über sich ergehen lassen? Ist die Zeit vorbei, in der seine innere Freiheit und die Selbständigkeit seines Denkens und Forschens das Leben der Menschen hat erhellen und bereichern dürfen? Hat er nicht in einem nur aufs Intellektuelle eingestellten Streben seine Verantwortlichkeit und Würde vergessen? Ich antworte: Einen innerlich freien und gewissenhaften Menschen kann man zwar vernichten, aber nicht zum Sklaven oder zum blinden Werkzeug machen.

Wenn der wissenschaftliche Mensch unserer Tage Zeit und Mut fände, seine Situation und seine Aufgabe ruhig und kritisch zu erwägen und entsprechend zu handeln, so würden die Aussichten auf eine vernünftige und befriedigende Lösung der gegenwärtigen gefahrvollen internationalen Situation wesentlich verbessert werden.

NATURWISSENSCHAFT

12
Physik und Realität (1936)

1. Allgemeines über die wissenschaftliche Methode

Oft und gewiß nicht ohne Berechtigung ist gesagt worden, daß der Naturwissenschaftler ein schlechter Philosoph sei. Warum sollte es also nicht auch für den Physiker das Richtigste sein, das Philosophieren dem Philosophen zu überlassen? In einer Zeit, in welcher die Physiker über ein festes, nicht angezweifeltes System von Fundamentalbegriffen und Fundamentalgesetzen zu verfügen glaubten, mag dies wohl so gewesen sein, nicht aber in einer Zeit, in welcher das ganze Fundament der Physik problematisch geworden ist, wie gegenwärtig. In solcher Zeit des durch die Erfahrung erzwungenen Suchens nach einer neuen, solideren Basis kann der Physiker die kritische Betrachtung der Grundlagen nicht einfach der Philosophie überlassen, weil nur er selber am besten weiß und fühlt, wo ihn der Schuh drückt; auf der Suche nach einem neuen Fundament muß er sich über die Berechtigung beziehungsweise Notwendigkeit der von ihm benutzten Begriffe nach Kräften klar zu werden versuchen.

Alle Wissenschaft ist nur eine Verfeinerung des Denkens des Alltags. Damit hängt es zusammen, daß die kritische Besinnung des Physikers sich nicht auf die Untersuchung der Begriffe seiner besonderen Wissenschaft beschränken kann, sondern daß er an der kritischen Betrachtung des viel schwieriger zu analysierenden Denkens des Alltags nicht achtlos vorbeigehen kann.

Auf der Bühne unseres seelischen Erlebens erscheinen in bunter Folge Sinneserlebnisse, Erinnerungsbilder an solche, Vorstellungen und Gefühl. Im Gegensatz zur Psychologie beschäftigt sich die Physik (unmittelbar) nur mit den Sinneserlebnissen und dem »Begreifen« des Zusammenhanges zwischen ihnen. Aber auch der Begriff der »realen Außenwelt« des Alltagsdenkens stützt sich ausschließlich auf die Sinneseindrücke.

Nun ist zunächst zu bemerken, daß uns die Unterscheidung zwischen Sinneseindrücken (Empfindungen) und Vorstellungen nicht oder doch nicht mit Sicherheit gegeben ist. Mit dieser Problematik, welche auch den Realitätsbegriff affiziert, wollen wir uns hier aber nicht beschäftigen, sondern die Sinneserlebnisse als solche, beziehungsweise als seelische Erlebnisse besonderer Art, erkennbar und gegeben annehmen.

Der erste Schritt zur Setzung einer »realen Außenwelt« liegt nach meiner Ansicht in der Bildung des Begriffes des körperlichen Objekts, beziehungsweise körperlicher Objekte verschiedener Art. Gewisse sich wiederholende Komplexe von Sinnesempfindungen (zum Teil zusammen mit Sinnesempfindungen, die als Zeichen für Sinneserlebnisse der Mitmenschen gedeutet werden) werden gedanklich aus der Fülle des Sinneserlebens willkürlich herausgehoben, und es wird ihnen ein Begriff zugeordnet – der Begriff des körperlichen Objekts. Logisch betrachtet ist dieser Begriff nicht identisch mit der Gesamtheit jener Sinnesempfindungen, sondern er ist eine freie Schöpfung des menschlichen (oder tierischen) Geistes. Dieser Begriff verdankt aber andererseits seine Bedeutung und Berechtigung ausschließlich der Gesamtheit jener Sinnesempfindungen, denen er zugeordnet ist.

Der zweite Schritt liegt darin, daß wir jenem Begriff des körperlichen Objektes in unserem (unsere Erwartungen bestimmenden) Denken von den jenen Begriff veranlassenden Sinnesempfindungen weitgehend unabhängige Bedeutung zuschreiben. Dies meinen wir, wenn wir dem körperlichen Objekt »reale Existenz« zuschreiben. Die Berechtigung dieser Setzung liegt einzig darin, daß wir uns mit Hilfe derartiger Begriffe und zwischen ihnen gesetzter gedanklicher Relationen in dem Gewirre der Sinnesempfindungen zurecht zu finden vermögen. Damit hängt es zusammen, daß jene Begriffe und Relationen – obgleich freie Setzungen des Denkens – uns fester und unabänderlicher erscheinen als das einzelne Sinneserlebnis, dessen Charakter der Illusion oder Halluzination gegenüber doch nie vollkommen gesichert erscheint. Andererseits aber haben jene Begriffe und Relationen, insbesondere die Setzung realer Objekte, überhaupt einer »realen Welt« nur insoweit Berechtigung, als sie mit Sinneserlebnissen verknüpft sind, zwischen welchen sie gedankliche Verknüpfungen schaffen.

Daß die Gesamtheit der Sinneserlebnisse zu beschaffen ist, daß sie durch das Denken (Operieren mit Begriffen und Schaffung und Anwendung bestimmter funktioneller Verknüpfungen zwischen diesen sowie Zuordnung der Sinneserlebnisse zu den Begriffen) geordnet werden können, ist eine Tatsache, über die wir nur staunen, die wir aber niemals werden begreifen können. Man kann sagen: Das ewig Unbegreifliche an der Welt ist ihre Begreiflichkeit. Daß die Setzung einer realen Außenwelt ohne jene Begreiflichkeit sinnlos wäre, ist eine der großen Erkenntnisse Immanuel Kants.

Wenn hier von »Begreiflichkeit« die Rede ist, so ist dieser Ausdruck hier zunächst in seiner bescheidensten

Bedeutung gemeint. Er bedeutet: Durch Schaffung allgemeiner Begriffe und Beziehungen zwischen diesen Begriffen sowie durch irgendwie festgelegte Beziehungen zwischen Begriffen und Sinneserlebnissen irgendeine Ordnung herstellen. In diesem Sinne ist die Welt unserer Sinneserlebnisse begreifbar, und daß sie es ist, ist ein Wunder.

Über die Art und Weise, wie wir Begriffe zu bilden und zu verknüpfen haben und wie wir sie den Sinneserlebnissen zuzuordnen haben, läßt sich nach meiner Ansicht a priori nicht das geringste aussagen. Nur der Erfolg bezüglich der Herstellung einer Ordnung der Sinneserlebnisse entscheidet . Die Regeln der Verknüpfungen von Begriffen müssen nur überhaupt festgelegt sein, da sonst Erkenntnis in dem von uns angestrebten Sinne unmöglich wäre. Man hat diese Regeln mit den Regeln eines Spieles verglichen, die an sich willkürlich sind, deren Bestimmtheit aber das Spiel erst möglich macht. Diese Festlegung wird aber niemals eine endgültige sein können, sondern nur für einen ins Auge gefaßten Anwendungsbereich Gültigkeit beanspruchen dürfen, d. h. es gibt keine endgültigen Kategorien im Sinne Kants.

Die Verknüpfung der elementaren Begriffe des Alltags-Denkens mit Komplexen von Sinneserlebnissen ist nur intuitiv erfaßbar und wissenschaftlich logischer Fixierung unzugänglich. Die Gesamtheit dieser Verknüpfungen – selbst nicht begrifflich faßbar – ist das einzige, was das Gebäude der Wissenschaft von einem leeren logischen Begriffsschema unterscheidet; vermöge dieser Verknüpfungen werden die rein begrifflichen Sätze der Wissenschaft zu generellen Aussagen über Komplexe von Sinneserlebnissen.

Die mit typischen Komplexen von Sinneserlebnissen direkt und intuitiv verknüpften Begriffe wollen wir »primäre Begriffe« nennen. Alle andern Begriffe sind – physikalisch betrachtet – nur insoweit sinnvoll, als sie mit den »primären Begriffen« durch Sätze in Verbindung gebracht sind. Diese Sätze sind teils Definitionen der Begriffe (und hieraus logisch ableitbarer Aussagen), teils Sätze, die nicht aus den Definitionen zu folgern sind und wenigstens indirekt Beziehungen zwischen den »primären Begriffen« und damit zwischen Sinneserlebnissen aussagen. Sätze der letzteren Art sind »Behauptungen über die Wirklichkeit« oder »Naturgesetze«, d. h. Sätze, die sich an den durch die primären Begriffe erfaßten Sinneserlebnissen zu bewähren haben. Welche von den Sätzen als Definitionen und welche als Naturgesetze anzusprechen sind, hängt weitgehend von der gewählten Darstellung ab; es ist überhaupt nur dann notwendig, eine solche Unterscheidung wirklich durchzuführen, wenn man untersuchen will, inwieweit das ganze ins Auge gefaßte Begriffssystem vom physikalischen Standpunkt betrachtet wirklich inhaltvoll ist.

2. Schichtenstruktur des wissenschaftlichen Systems

Ziel der Wissenschaft ist erstens die möglichst *vollständige* begriffliche Erfassung und Verknüpfung der Sinneserlebnisse in ihrer ganzen Mannigfaltigkeit, zweitens aber die Erreichung dieses Zieles *unter Verwendung eines Minimums von primären Begriffen und Relationen* (Streben nach möglichst logischer Einheitlichkeit des Weltbildes beziehungsweise logischer Einfachheit seiner Grundlagen).

Die Wissenschaft braucht die ganze Mannigfaltigkeit der primären, d. h. unmittelbar mit Sinneserlebnissen verknüpften Begriffe sowie der sie verknüpfenden Sätze. In ihrem ersten Entwicklungsstadium enthält sie nichts weiter. Auch das Denken des Alltags begnügt sich im großen ganzen mit dieser Stufe. Diese kann aber einen wirklich wissenschaftlich eingestellten Geist nicht befriedigen, da die so gewinnbare Gesamtheit von Begriffen und Relationen der logischen Einheitlichkeit völlig entbehrt. Um diesem Mangel abzuhelfen, erfindet man ein begriffs- und relationsärmeres System, welches die primären Begriffe und Relationen der »ersten Schicht« als logisch abgeleitete Begriffe und Relationen enthält. Dieses neue »sekundäre System« erkauft die gewonnene höhere logische Einheitlichkeit mit dem Umstande, daß seine an den Anfang gestellten Begriffe (Begriffe der zweiten Schicht) nicht mehr unmittelbar mit Komplexen von Sinneserlebnissen verbunden sind. Weiteres Streben nach logischer Einheitlichkeit führt zur Aufstellung eines noch ärmeren tertiären Systems von Begriffen und Relationen zur Deduktion der Begriffe und Relationen der sekundären (und damit indirekt der primären) Schicht. So geht es fort, bis wir zu einem System von denkbar größter Einheitlichkeit und Begriffsarmut der logischen Grundlagen gelangt sind, das mit der Beschaffenheit des sinnlich Gegebenen vereinbar ist. Ob wir bei diesem Streben je zu einem definitiven System kommen, wissen wir nicht. Wird man um seine Meinung gefragt, so ist man geneigt, mit Nein zu antworten; beim Ringen mit den Problemen wird man aber wohl von der Hoffnung getragen, daß dies höchste Ziel wirklich weitgehend erreichbar sei.

Ein Anhänger der Abstraktions- bzw. Induktions-Theorie würde die vorgenannten Schichten »Abstraktions-Stufen« nennen. Ich halte es aber für unrichtig, die logische Unabhängigkeit der Begriffe gegenüber den Sinneserlebnissen zu verschleiern; es handelt sich nicht um eine Beziehung wie die der Suppe zum Rindfleisch, sondern eher wie die der Garderobennummer zum Mantel.

Ferner sind die Schichten nicht klar gegeneinander

abgegrenzt. Nicht einmal die Zugehörigkeit eines Begriffes zur primären Schicht ist völlig scharf. Es handelt sich hierbei eben um frei gebildete Begriffe, die mit einer für die Anwendung hinreichenden Sicherheit mit Komplexen von Sinneserlebnissen intuitiv verknüpft sind, so daß bei dem Konstatieren des Zutreffens oder Nicht-Zutreffens eines Satzes für einen besonderen Erlebnisfall (Experiment) keine Unsicherheit besteht. Wesentlich ist nur die Bestrebung, die Vielheit der erlebnisnahen Begriffe und Sätze als logisch abgeleitete Sätze einer möglichst engen Basis von Grund-Begriffen und Grund-Relationen darzustellen, die ihrerseits an sich frei wählbar sind (Axiome). Mit dieser Freiheit ist es aber nicht weit her; sie ist nicht ähnlich der Freiheit eines Novellen-Dichters, sondern vielmehr der Freiheit eines Menschen, dem ein gut gestelltes Worträtsel aufgegeben ist. Er kann zwar jedes Wort als Lösung vorschlagen, aber es gibt wohl nur *eines*, welches das Rätsel in allen Teilen wirklich auflöst. Daß die Natur – so wie sie unseren Sinnen zugänglich ist – den Charakter eines solchen gut gestellten Rätsels habe, ist ein Glaube, zu welchem die bisherigen Erfolge der Wissenschaft allerdings einigermaßen ermutigen.

Die Vielheit der Schichten, von der wir oben gesprochen haben, entspricht den einzelnen Fortschritten, die das Ringen um Einheitlichkeit der Basis im Laufe der Entwicklung gezeitigt hat. Vom Standpunkte des Endzieles haben die intermediären Schichten nur temporäre Bedeutung, um am Ende als belanglos zu verschwinden. Wir aber haben es zu tun mit der Wissenschaft von heute, in welcher diese Schichten problematische Teilerfolge darstellen, welche sich gegenseitig stützen, aber auch gegenseitig bedrohen; denn das Begriffssystem von heute weist tiefe Zwiespältigkeiten auf, auf die wir später stoßen werden.

Das Ziel der folgenden Zeilen ist es, zu zeigen, welche Wege der konstruierende Menschengeist eingeschlagen hat, um zu einer logisch möglichst einheitlichen begrifflichen Basis der Physik zu gelangen.

3. Die Mechanik und der Versuch, auf sie die gesamte Physik zu gründen

Eine wichtige Eigenschaft unserer Sinneserlebnisse wie unserer Erlebnisse überhaupt ist ihre zeitliche Ordnung. Diese Ordnungs-Eigenschaft führt zur gedanklichen Konstruktion der subjektiven Zeit, eines Ordnungs-Schemas für die Erlebnisse. Die subjektive Zeit führt dann über den Begriff des körperlichen Objekts und des Raumes zu dem der objektiven Zeit, wie wir später sehen werden.

Dem Begriff der objektiven Zeit geht aber der des Raumes voraus und diesem der Begriff des körperlichen Objektes; letzterer ist direkt mit Komplexen von Sinneserlebnissen verknüpft. Es wurde als charakteristische Eigenschaft des Begriffes »körperliches Objekt« bezeichnet, daß wir letzterem eine Existenz zuordnen, unabhängig von der (»subjektiven«) Zeit und unabhängig von seiner sinnlichen Wahrnehmung. Wir tun dies, obwohl wir an ihm zeitliche Änderungen wahrnehmen. Poincaré hat nun mit Recht hervorgehoben, daß wir am körperlichen Objekte zwei Arten Änderungen unterscheiden, nämlich »Änderungen des Zustandes« und »Änderungen der Lage«; letztere seien solche Änderungen, welche wir durch willkürliche Bewegungen unseres Körpers rückgängig machen können.

Daß es körperliche Objekte gibt, denen wir innerhalb eines gewissen Wahrnehmungsgebietes keine Änderungen des Zustandes, sondern nur solche der Lage zuzuschreiben haben, ist für die Bildung des Raumbegriffes fundamental wichtig, (in gewissem Maße sogar für die Berechtigung des Begriffes des körperlichen Objektes); wir wollen ein solches Objekt »praktisch-starr« nennen.

Wenn wir zwei praktisch-starre Körper gleichzeitig, d. h. als ein Ganzes, zum Objekt unserer Sinneswahrnehmung machen, so gibt es für dies Ganze solche Änderungen, welche *nicht* als Änderungen der Lage für das Ganze aufgefaßt werden können, obwohl dies für jeden der beiden Konstituenten der Fall ist. Dies führt zu dem Begriff der »Änderung der relativen Lage« der beiden Objekte und damit auch zu dem Begriff der »relativen Lage« der beiden Objekte. Es erweist sich ferner, daß es unter den relativen Lagen eine besondere Art gibt, die wir als »Berührung« bezeichnen.* Dauernde Berührung zweier Körper in drei oder mehr »Punkten« bedeutet deren Vereinigung zu einem (quasi-starren) Gesamtkörper. Man kann sagen, der erste Körper werde dann quasi-starr durch den zweiten Körper fortgesetzt, welcher seinerseits wieder quasi-starr fortgesetzt werden kann. Die quasi-starre Fortsetzbarkeit eines Körpers ist unbegrenzt. Der Inbegriff der denkbaren quasi-starren Fortsetzung eines Körpers K_0 ist der durch ihn bestimmte unendliche »Raum«.

Nach meiner Ansicht ist der Umstand, daß jeder irgendwie gelagerte Körper mit der quasi-starren Fortsetzung eines bestimmten gewählten Körpers K_0 (Bezugskörper) in Berührung gebracht werden kann, die empirische Basis unseres Raumbegriffes. Im vorwissenschaftlichen Denken spielt die feste Erdkruste die Rolle von K_0 und seiner Fortsetzung. Die Bezeichnung (Geo-

* Es liegt in der Natur der Sache, daß wir von diesen Gegenständen nur mittels der von uns gebildeten Begriffe sprechen können, die selbst keiner Definition zugänglich sind. Wesentlich ist aber, daß wir nur solche Begriffe verwenden, über deren Zuordnung zum Erlebnis-Material wir uns sicher fühlen dürfen.

metrie) deutet darauf hin, daß der Raumbegriff psychologisch mit der Gegebenheit des Erdkörpers zusammenhängt.

Die kühne Begriffsbildung »Raum«, welche aller wissenschaftlichen Geometrie voranging, verwandelte gedanklich den Inbegriff der Lagenbeziehungen körperlicher Objekte in den Inbegriff der Lagen der körperlichen Objekte »im Raume«. Dies bedeutet an sich schon eine große formale Vereinfachung. Durch sie wird auch erreicht, daß jede Lagen-Aussage implizit eine Berührungs-Aussage ist; ein Punkt eines körperlichen Objektes befindet sich im Raumpunkt P bedeutet: das Objekt berührt mit dem ins Auge gefaßten Punkt den Punkt P des (passend fortgesetzt gedachten) Bezugskörpers K_0.

In der Geometrie der Griechen spielt der Raum nur eine sozusagen qualitative Rolle, indem die Lage der Objekte zu ihm zwar festgelegt gedacht wird, aber nicht durch Zahlen beschrieben wird. Letzteres hat erst Descartes unternommen. In seiner Sprechweise kann der ganze Inhalt der euklidischen Geometrie durch folgende Aussagen axiomatisch fundiert werden: (1) Zwei markierte Punkte eines starren Körpers bestimmen eine Strecke. (2) Den Punkten des Raumes lassen sich Zahlentripel X_1, X_2, X_3, so zuordnen, daß für jede ins Auge gefaßte Strecke $P' - P''$ mit den Koordinaten ihrer Endpunkte (X_1', X_2', X_3'; X_1'', X_2'', X_3'') der Ausdruck

$$s^2 = (X_2'' - X_1')^2 + (X_2'' - X_2')^2 + (X_3'' - X_3')^2$$

unabhängig ist von der Lage des Körpers und aller anderen Körper. Die (positive) Zahl s heißt die Länge der Strecke oder der Abstand der beiden Raumpunkte P' und P'' (die mit den Punkten P' und P'' der Strecke koinzidieren).

Die Formulierung ist absichtlich so gewählt, daß sie nicht nur den logisch-axiomatischen, sondern auch den empirischen Gehalt der euklidischen Geometrie klar hervortreten läßt. Die rein logische (axiomatische) Darstellung der euklidischen Geometrie hat zwar demgegenüber den Vorteil größerer Einfachheit und Klarheit. Sie erkauft aber diesen Vorteil durch den Verzicht auf die Darstellung des Zusammenhangs zwischen der begrifflichen Konstruktion und der sinnlichen Erfahrung, auf welchem Zusammenhang allein doch die Bedeutung der Geometrie für die Physik beruht. Der verhängnisvolle Irrtum, daß der euklidischen Geometrie und dem zugehörigen Raumbegriffe eine aller Erfahrung vorangehende Denknotwendigkeit zugrunde liege, beruhte darauf, daß die empirische Basis, welche der axiomatischen Konstruktion der euklidischen Geometrie zugrunde liegt, in Vergessenheit geraten war.

Insoweit man von der Existenz starrer Körper in der Natur sprechen kann, ist die euklidische Geometrie eine physikalische Wissenschaft, die sich an der Sinneserfahrung zu bewähren hat. Sie betrifft die Gesamtheit der Sätze, die für die zeitunabhängige relative Lagerung starrer Körper gelten sollen. Wie man sieht, ist auch der physikalische Raumbegriff, wie er ursprünglich in der Physik verwendet wurde, an die Existenz starrer Körper gebunden.

Die zentrale Bedeutung der euklidischen Geometrie vom physikalischen Standpunkte aus liegt darin, daß ihre Aussagen unabhängig von der besonderen Natur der Körper Gültigkeit beanspruchen, um deren relative Lagerung es sich handelt. Ihre formale Einfachheit ist durch die Eigenschaften Homogenität, Isotropie (und Existenz ähnlicher Gebilde) charakterisiert.

Der Raumbegriff ist für die eigentliche Geometrie, d. h. für die Formulierung der Gesetzmäßigkeiten der relativen Lagerung starrer Körper, zwar nützlich aber nicht unentbehrlich. Dagegen ist der Begriff der objektiven Zeit, ohne welchen eine Formulierung der Grundlagen der klassischen Mechanik nicht möglich ist, an den des räumlichen Kontinuums gebunden.

Die Einführung der objektiven Zeit besteht aus zwei voneinander unabhängigen Setzungen:

(1) Einführung der objektiven Lokalzeit, indem man den zeitlichen Ablauf des Erlebens in Verbindung bringt mit den Angaben einer »Uhr«, d. h. eines abgeschlossenen Systems mit periodischem Ablauf.
(2) Einführung des Begriffes der objektiven Zeit für das Geschehene im *ganzen Raume,* durch welchen der Begriff der Lokalzeit erst zu dem Begriff der Zeit der Physik erweitert wird.

Bemerkung zu (1): Es bedeutet nach meiner Meinung keine *petitio principii,* wenn der Begriff des periodischen Ablaufes dem der Zeit vorangestellt wird, wenn es sich um die Aufhellung der Entstehung beziehungsweise des empirischen Inhaltes des Zeitbegriffes handelt. Diese Auffassung entspricht durchaus dem Vorangehen des Begriffes des starren (beziehungsweise quasistarren) Körpers bei der Deutung des Raumbegriffes.
Nähere Ausführung zu (2): Die bis zur Aufstellung der Relativitäts-Theorie herrschende Illusion, es sei vom Erlebnisstandpunkte a priori klar, was Gleichzeitigkeit in bezug auf räumlich distantes Geschehen und damit physikalische Zeit überhaupt bedeute, hat ihren Grund darin, daß wir in der Alltags-Erfahrung die Ausbreitungszeit des Lichtes vernachlässigen können. Wir pflegen daher »gleichzeitig sehen« und »gleichzeitig gesehen« nicht zu unterscheiden, wodurch der Unterschied zwischen Zeit und Lokalzeit verwischt wird.

Die Unschärfe, welche dem Zeitbegriffe der klassischen Mechanik vom Gesichtspunkte der empirischen Bedeutung anhaftet, wurde durch die axiomatischen Darstellungen dadurch verdeckt, daß sie Raum und Zeit als ein unabhängig von den Sinneserlebnissen Gegebenes behandelten. Solche »Hypostasierung« (Verselbständigung) von Begriffen gereicht nicht notwendig der Wissenschaft zum Nachteil, es entsteht aber leicht der Irrtum, solche Begriffe, deren Ursprung in Vergessenheit geraten ist, für denknotwendig und damit für nicht veränderbar anzusehen, was zu einer ernsten Gefahr für den Fortschritt der Wissenschaft werden kann.

Für die Entwicklung der Mechanik und darum für die Entwicklung der Physik überhaupt war es ein Glück, daß den früheren Denkern die dem Begriffe der objektiven Zeit anhaftende Unschärfe bezüglich seiner empirischen Deutung verborgen geblieben ist. Im vollen Vertrauen auf die reale Bedeutung der Raum-Zeit-Konstruktion entwickelte sich das Fundament der Mechanik, das wie folgt charakterisiert werden kann:

(a) Begriff des materiellen Punktes: körperliches Objekt, das hinsichtlich seiner Lage und Bewegung hinreichend genau als Punkt mit den Koordinaten X_1, X_2, X_3, beschrieben werden kann. Beschreibung von dessen Bewegung (in bezug auf den ›Raum‹ K_0), indem X_1, X_2, X_3 als Funktionen der Zeit gegeben werden.
(b) Trägheitssatz: Verschwinden der Komponenten der Beschleunigung für einen materiellen Punkt, der von allen anderen hinreichend weit entfernt ist.
(c) Bewegungsgesetz (für den materiellen Punkt): Kraft = Masse × Beschleunigung.
(d) Kraftgesetze (Wechselwirkungen zwischen den materiellen Punkten).

Hierbei ist (b) nur ein wichtiger Spezialfall von (c). Eine wirkliche Theorie liegt erst dann vor, wenn die Kraftgesetze gegeben sind; die Kräfte müssen zunächst nur dem Gesetz der Gleichheit von Actio und Reactio Genüge leisten, damit ein System von Punkten, die durch Kräfte dauernd räumlich aneinander gekettet sind, sich wie *ein* materieller Punkt verhalte. Zusammen mit Newtons Kraftgesetz der Gravitation bilden diese Grundsätze die Basis der klassischen Mechanik der Gestirne. In dieser Mechanik Newtons tritt nun der Raum K_0 in einer Art auf, die gegenüber der obigen, von starren Körpern herkommenden Konzeption des Raumes ein neues Moment enthält: nicht für jedes K_0 beanspruchen (bei gegebenem Kraftgesetz) (b) und (c) Gültigkeit, sondern nur für solche K_0 von geeignetem Bewegungszustande (Inertialsysteme). Dadurch wird dem Koordinatenraum eine selbständige physikalische Eigenschaft beigelegt, die dem rein geometrischen Raumbegriffe fremd ist – ein Umstand, der Newton erhebliches Kopfzerbrechen verursachte (Eimer-Versuch).*

Die klassische Mechanik ist nur ein allgemeines Schema; zu einer Theorie wird sie erst dadurch, daß die Kraftgesetze (d) explizit angegeben werden, wie es durch Newton für die Himmelsmechanik mit so außerordentlichem Erfolg getan wurde. Vom Standpunkte des Zieles möglichst logischer Einfachheit der Grundlagen ist es ein Mangel dieser theoretischen Methode, daß die Kraftgesetze nicht durch logisch-formale Gesichtspunkte gewonnen werden können, so daß ihre Wahl

---

* Diesem Mangel der Theorie konnte nur durch eine solche Formulierung der Mechanik abgeholfen werden, welche bezüglich aller K_0 Gültigkeit beansprucht. Dies ist einer der Schritte, die zur allgemeinen Relativitäts-Theorie hinführen. Ein zweiter, ebenfalls erst durch die allgemeine Relativitäts-Theorie beseitigter Mangel ist der, daß es innerhalb der Mechanik keinen Grund gibt für die Gleichheit der trägen und der schweren Masse des materiellen Punktes.

weitgehend a priori willkürlich ist. Auch Newtons Kraftgesetz der Gravitation ist ausschließlich durch den *Erfolg* gegenüber anderen denkbaren Kraftgesetzen ausgezeichnet.

Trotzdem wir heute sicher wissen, daß die klassische Mechanik als eine die ganze Physik beherrschende Basis versagt, steht sie doch immer noch im Zentrum des physikalischen Denkens. Der Grund hierfür liegt darin, daß wir trotz der bedeutsamen seither erreichten Fortschritte noch nicht zu einer neuen Basis der Physik gelangt sind, von der wir sicher sein dürfen, daß aus ihr die ganze Mannigfaltigkeit der erforschten Erscheinungen und erfolgreichen theoretischen Teilsysteme sich logisch deduzieren ließe. Wie es damit steht, will ich im folgenden kurz zu skizzieren versuchen.

Zuerst suchen wir uns darüber klar zu werden, inwieweit sich das System der klassischen Mechanik als geeignet erwiesen hat, als Basis für die gesamte Physik zu dienen. Da es uns hier nur auf das Fundament der Physik und dessen Wandlungen ankommt, brauchen wir uns mit den rein *formalen* Fortschritten der Mechanik nicht besonders zu beschäftigen (Lagrangesche Gleichungen, kanonische Gleichungen usw.). Nur *eine* Bemerkung scheint unerläßlich. Der Begriff »materieller Punkt« ist grundlegend für die Mechanik. Wenn wir nun die Mechanik für ein körperliches Objekt suchen, das selber *nicht* als materieller Punkt behandelt werden kann – was streng genommen für jedes »sinnlich wahrnehmbare« Objekt der Fall ist – so entsteht die Frage: Wie ist das Objekt aus materiellen Punkten aufgebaut zu denken und was für Kräfte haben wir als zwischen ihnen wirkend anzunehmen? Diese Frage ist unerläßlich, wenn die Mechanik darauf Anspruch erheben soll, die Objekte *vollständig* zu beschreiben.

Es liegt in der natürlichen Tendenz der Mechanik,

diese materiellen Punkte sowie die Gesetze der zwischen ihnen wirkenden Kräfte als unveränderlich anzunehmen, da ja eine zeitliche Änderung außerhalb einer theoretischen Deutbarkeit durch die Mechanik läge. Hieraus ersieht man, daß die klassische Mechanik notwendig zu einer atomistischen Konstruktion der Materie hinführt. Man sieht hier besonders deutlich, wie sehr jene Erkenntnistheoretiker irren, welche glauben, daß die Theorie auf induktivem Wege aus der Erfahrung hervorgehe. Von welchem Irrtum selbst der überlegene Newton sich nicht freihalten konnte (»Hypotheses non fingo«).

Aus der Gefahr, sich diesem Gedankengang (Atomistik) folgend ins Uferlose zu verlieren, rettete sich die Wissenschaft zunächst in folgender Weise. Die Mechanik eines Systems ist bestimmt, wenn seine potentielle Energie in Abhängigkeit von seiner Konfiguration gegeben ist. Sind nun die wirkenden Kräfte so beschaffen, daß sie die Aufrechterhaltung gewisser Ordnungseigenschaften der Konfiguration des Systems garantieren, so kann man die Konfiguration durch eine verhältnismäßig geringe Anzahl von Konfigurations-Variablen q_r genügend genau beschreiben; die potentielle Energie berücksichtigt man nur insoweit, als sie von *diesen* Konfigurations-Variablen abhängig ist (zum Beispiel Beschreibung der Konfiguration eines praktisch starren Körpers durch sechs Variable).

Eine zweite Anwendungsweise der Mechanik, welche es vermeidet, eine Unterteilung der Materie bis zu ihren »wirklichen« materiellen Punkten zu berücksichtigen, ist die Mechanik der sogenannten kontinuierlich verbreiteten Massen. Diese ist durch die Fiktion charakterisiert, daß die Massendichte und Geschwindigkeit der Materie kontinuierlich von den Koordinaten und der Zeit abhängen und daß der nicht explizit gegebene Teil der

Wechselwirkungen sich als Flächenkräfte (Druckkräfte) auffassen lassen, welche ebenfalls kontinuierliche Funktionen des Ortes sind. Hierher gehört die Hydrodynamik und die Theorie der Elastizität fester Körper. Diese Theorien vermeiden die explizite Einführung materieller Punkte durch Fiktionen, denen im Sinne des Fundaments der klassischen Mechanik nur eine approximative Bedeutung zukommen kann.

Abgesehen von der großen *praktischen* Bedeutung dieser Disziplinen haben sie durch die Erweiterungen der mathematischen Begriffswelt diejenigen formalen Hilfsmittel geschaffen (partielle Differentialgleichungen), welche für die späteren Versuche einer gegenüber der Newtonschen neuartigen Fundierung der gesamten Physik nötig waren.

Diese beiden Anwendungsarten der Mechanik gehören der sogenannten »phänomenologischen« Physik an. Für sie ist charakteristisch, daß sie sich möglichst erlebnisnaher Begriffe bedient, dafür aber auf Einheitlichkeit der Grundlagen weitgehend verzichtet. Wärme, Elektrizität und Licht werden durch besondere Zustandsvariablen und Material-Konstanten neben dem mechanischen Zustande beschrieben, und alle diese Variable in ihren gegenseitigen und zeitlichen Abhängigkeiten zu bestimmen, war ein in der Hauptsache nur auf empirischem Wege lösbares Problem. Viele Zeitgenossen von Maxwell sahen in einer solchen Darstellungsweise das Endziel der Physik, die sie wegen der relativen Erlebnisnähe der gebrauchten Begriffe für rein induktiv aus den Erlebnissen ableitbar hielten. St. Mill und E. Mach vertraten erkenntnistheoretisch ungefähr diesen Standpunkt.

Es ist nach meiner Ansicht die größte Leistung der Newtonschen Mechanik, daß ihre konsequente Anwendung zur Überwindung dieses (phänomenologischen) Standpunktes führte, und zwar auf dem Gebiete der

Wärme-Erscheinungen. Dies geschah durch die kinetische Gas-Theorie und durch die statistische Mechanik überhaupt. Erstere verknüpfte die Zustandsgleichung der idealen Gase, Viskosität, Wärmeleitung und Diffusion der Gase, Radiometer-Erscheinungen der Gase und lieferte die logische Verbindung von Phänomenen, welche vom Erlebnisstandpunkte nicht das geringste miteinander zu tun hatten. Letztere lieferte eine mechanische Deutung der thermodynamischen Begriffe und Gesetze sowie die Erkenntnis von der Grenze des Anwendungsbereiches der Begriffe und Gesetze der klassischen Wärmelehre. Diese kinetische Theorie, welche die phänomenologische Physik bezüglich der logischen Einheitlichkeit der Grundlagen weit übertraf, lieferte ferner für die wahre Größe der Atome und Moleküle bestimmte Werte, die sich durch mehrere voneinander unabhängige Methoden ergaben und so jedem vernünftigen Zweifel entrückt wurden. Diese entscheidenden Fortschritte wurden dadurch erkauft, daß den materiellen Punkten reale Gebilde (Atome beziehungsweise Moleküle) zugeordnet wurden, deren konstruktiv-spekulativer Charakter offenkundig war; niemand konnte hoffen, ein Atom je »unmittelbar wahrzunehmen«. Gesetze über beobachtungsnahe Zustandsgrößen (z. B. Temperatur, Druck, Geschwindigkeit) aber wurden aus den Grundbegriffen durch komplizierte Rechnungen abgeleitet. So wurde die ursprünglich mehr »phänomenologisch« aufgebaute Physik (wenigstens ein Teil derselben) unter Zugrundelegung der Newtonschen Mechanik für die Atome beziehungsweise Moleküle auf eine erlebnisfernere, aber einheitlichere Basis zurückgeführt.

Weit weniger erfolgreich als in den bisher genannten Gebieten ist die Newtonsche Mechanik gegenüber den optischen und elektrischen Phänomenen gewesen. Wohl suchte Newton in seiner Korpuskulartheorie des Lichts, dieses auf die Bewegungen von materiellen Punkten zurückzuführen. Als aber die Erscheinungen der Polarisation, Beugung und Interferenz des Lichtes zu immer unnatürlicheren Modifikationen dieser Theorie zwangen, setzte sich Huyghens' Undulationstheorie des Lichtes durch, welche ihre Entstehung wohl hauptsächlich Erscheinungen der Kristalloptik und der bereits einigermaßen ausgearbeiteten Theorie des Schalles verdankte. Die Huyghenssche Theorie fußte zwar zunächst ebenfalls auf der klassischen Mechanik. Aber als Träger der Wellenbewegungen mußte der alle Körper durchdringende Äther angenommen werden, dessen Aufbau aus materiellen Punkten durch kein bekanntes Phänomen nahegelegt wurde. Über die ihn beherrschenden inneren Kräfte sowie die Kräfte, die zwischen ihm und der »ponderablen« Materie wirken, konnte man nie ins klare kommen, so daß das Fundament dieser Theorie immer in Dunkel gehüllt blieb. Die wahre Grundlage war eine partielle Differentialgleichung, deren Zurückführung auf mechanische Elemente stets problematisch blieb.

Zur theoretischen Erfassung der elektrischen und magnetischen Phänomene wurden ebenfalls Massen besonderer Art eingeführt, zwischen welchen Fernkräfte von ähnlicher Art wie die Newtonschen Gravitationskräfte angenommen wurden. Aber diesen besonderen Arten von Materie schien die fundamentale Eigenschaft der Trägheit nicht zuzukommen, und die Kräfte, welche zwischen diesen Massen und der ponderablen Materie wirkten, blieben in Dunkel gehüllt. Dazu kam der polare Charakter dieser Art Materie, welcher in das Schema der klassischen Mechanik nicht hineinpaßte. Noch unbefriedigender wurde die Basis der Theorie, als elektrodynamische Phänomene bekannt wurden; obwohl diese Phänomene dazu führten, die magnetischen Phänomene auf elektrodynamische zurückzuführen und so die Hypothese der magnetischen Massen entbehrlich zu machen. Dieser Fortschritt mußte nämlich durch Komplizierung der zwischen bewegten elektrischen Massen anzunehmenden Wechselwirkungskräfte erkauft werden.

Die Erlösung aus dieser unerquicklichen Sachlage durch Faradays und Maxwells Theorie des elektrischen Feldes bedeutet wohl die tiefgehendste Umwälzung, welche das Fundament der Physik seit Newton erfahren hat. Wieder ist es ein Schritt in der Richtung konstruktiver Spekulation, welcher die Distanz zwischen der Grundlage der Theorie und dem Sinnlich-Erlebbaren vergrößerte. Die Existenz des Feldes manifestiert sich nämlich nur dann, wenn elektrisch geladene Körper in dasselbe hineingebracht werden. Die Maxwellschen Differentialgleichungen verknüpfen die räumlichen und zeitlichen Differentialquotienten des elektrischen und magnetischen Feldes. Die elektrischen Massen sind nur Stellen nicht verschwindender Divergenz des elektrischen Feldes. Lichtwellen erscheinen als undulatorische elektromagnetische Feldprozesse im Raume.

Allerdings suchte Maxwell seine Feldtheorie noch mechanisch zu deuten durch mechanische Äthermodelle. Solche Versuche traten aber seit der von allem unnötigen Beiwerk gereinigten Darstellung von Heinrich Hertz allmählich in den Hintergrund, so daß schließlich in dieser Theorie das Feld jene fundamentale Rolle übernahm, welche in der Newtonschen Mechanik die Massenpunkte spielten. Dies gilt zunächst allerdings nur für die elektromagnetischen Felder im leeren Raum.

Für das Innere der Materie war die Theorie zunächst noch recht unbefriedigend, indem dort zwei elektrische Vektoren eingeführt werden mußten, welche durch von der Natur des Mediums abhängige Beziehungen verknüpft waren, welche keiner theoretischen Analyse zugänglich waren. Analog war es mit dem magnetischen Felde sowie mit der Beziehung zwischen elektrischer Stromdichte und dem Felde.

Hier schaffte H. A. Lorentz einen Ausweg, der auch zugleich den Weg wies zu einer von Willkür einigermaßen freien Elektrodynamik bewegter Körper. Seine Theorie war auf folgenden Grund-Hypothesen aufgebaut.

Sitz des Feldes ist überall (auch im Innern der ponderablen Körper) der leere Raum. Die Beteiligung der Materie an den elektromagnetischen Vorgängen beruht allein darauf, daß die Elementarpartikel der Materie unveränderliche elektrische Ladungen tragen und dadurch einerseits ponderomotorischen Wirkungen ausgesetzt sind, andererseits felderzeugend wirken. Die Elementarpartikel folgen Newtons Bewegungsgesetz für den materiellen Punkt.

Auf solcher Basis erreichte H. A. Lorentz eine Synthese der Newtonschen Mechanik und der Maxwellschen Feldtheorie. Die Schwäche dieser Theorie lag darin, daß sie das Geschehen durch eine Kombination von partiellen Differentialgleichungen (Maxwellsche Feldgleichungen für den leeren Raum) und totalen Differentialgleichungen (Punkt-Bewegungsgleichungen) zu bestimmen suchte, was offenbar unnatürlich war. Das Unbefriedigende dieser Auffassung zeigte sich äußerlich darin, daß es nötig war, die Teilchen als endlich ausgedehnt zu betrachten, damit das an ihrer Oberfläche bestehende elektromagnetische Feld nicht unendlich groß werde. Auch lieferte diese Theorie keinen Aufschluß über die Natur der gewaltigen Kräfte, welche die elektrischen Massen an den einzelnen Partikeln festhalten. H. A. Lorentz nahm diese von ihm wohlbemerkten Schwächen seiner Theorie zunächst in Kauf, um die Erscheinungen im großen ganzen richtig darzustellen.

Über den Rahmen der Lorentzschen Theorie wies ferner folgende Erwägung hinaus. In der Umgebung eines elektrisch geladenen Körpers existiert ein magnetisches Feld, welches einen (scheinbaren) Beitrag zu seiner trägen Masse liefert. Sollte sich nicht die *ganze* Trägheit der Partikel elektromagnetisch erklären lassen? Dies würde sich offenbar nur dann befriedigend durchführen lassen, wenn sich die Partikel als reguläre Lösungen der elektromagnetischen partiellen Differentialgleichungen deuten ließen. Die Maxwellschen Gleichungen in ihrer ursprünglichen Gestalt erlaubten aber eine solche Auffassung nicht, weil ihre entsprechenden Lösungen eine Singularität aufweisen. Die Theoretiker suchten das Ziel deshalb lange Zeit hindurch durch eine Modifikation der Maxwellschen Gleichungen zu erreichen, eine Bestrebung, die aber nicht von Erfolg gekrönt war. So blieb das Ziel der Aufstellung einer ausschließlich auf den Feldbegriff gegründeten elektromagnetischen Theorie der Materie zunächst unerfüllt, obwohl gegen dessen Erreichbarkeit prinzipiell nichts eingewendet werden konnte. Was von der weiteren Bemühung in dieser Richtung abschreckte, war das Fehlen einer zur Lösung führenden systematischen Methode. Eines aber erscheint mir sicher: Im Fundament einer konsequenten Feldtheorie darf neben dem Feldbegriff nicht der Partikelbegriff auftreten; die ganze Theorie muß einzig auf partielle Differentialgleichungen und deren singularitätsfreie Lösungen gegründet sein.

Es gibt keine induktive Methode, welche zu den Grundbegriffen der Physik führen könnte. Die Verkennung dieser Tatsache war der philosophische Grundirrtum so mancher Forscher des 19. Jahrhunderts; sie war wohl der Grund dafür, daß sich die Molekulartheorie und die Maxwellsche Theorie erst verhältnismäßig spät durchsetzen konnten. Logisches Denken ist notwendig deduktiv, auf hypothetische Begriffe und Axiome gegründet. Wie sollen wir erwarten, letztere so wählen zu können, daß wir auf die Bewährung ihrer Konsequenzen hoffen dürfen?

Der günstigste Fall liegt offenbar dann vor, wenn die neuen Grundhypothesen durch die Erlebniswelt selbst nahegelegt werden. Die Hypothese von der Nichtexistenz eines Perpetuum Mobile als Grundlage für die Thermodynamik ist ein solches Beispiel einer durch die Erfahrung nahegelegten Ausgangshypothese; ebenso Galileis Trägheitsprinzip. Von solcher Art sind auch die Grundhypothesen der Relativitätstheorie, welche zu einer ungeahnten Erweiterung und Vertiefung der Feldtheorie und zu einer Überwindung der Grundlagen der klassischen Mechanik geführt hat.

Die Erfolge der Maxwell-Lorentzschen Theorie erzeugten großes Vertrauen in die Gültigkeit der elektromagnetischen Gleichungen des Vakuums, im besonderen also auch in die Aussage, daß das Licht sich »im Raum« mit einer bestimmten konstanten Geschwindigkeit c ausbreitet. Gilt diese Aussage von der Konstanz der Licht-Ausbreitungs-Geschwindigkeit in bezug auf beliebige Inertialsysteme? Wenn dies nicht der Fall wäre, so wäre ein bestimmtes Inertialsystem oder genauer ein bestimmter Bewegungs-Zustand (eines Bezugskörpers) von allen anderen ausgezeichnet. Dagegen sprachen aber alle mechanischen und elektromagnetisch-optischen Erfahrungstatsachen.

Es war also geboten, die Gültigkeit des Gesetzes der Konstanz der Lichtausbreitung für alle Inertialsysteme zum Prinzip zu erheben. Daraus folgte, daß die räumlichen Koordinaten X_1, X_2, X_3 und die Zeit X_4 beim Übergang von einem Inertialsystem zu einem andern sich gemäß der »Lorentz-Transformation« transformieren müssen, welche durch die Invarianz des Ausdruckes

$$ds^2 = dx_1^2 + dx_2^2 + dx_3^2 - dx_4^2$$

charakterisiert ist (wenn man die Zeiteinheit so wählt, daß die Lichtgeschwindigkeit c gleich 1 wird).

Dadurch verlor die Zeit ihren absoluten Charakter und wurde den »räumlichen« Koordinaten als algebraisch (nahezu) gleichartige Bestimmungsgröße zugeordnet; der absolute Charakter der Zeit und im besonderen der Gleichzeitigkeit war zerstört und die vierdimensionale Beschreibung als einzig adäquate eingeführt.

Damit darüber hinaus der Äquivalenz aller Inertialsysteme in bezug auf alles Naturgeschehen Rechnung getragen sei, muß die Invarianz aller physikalischen Gleichungssysteme, welche allgemeine Gesetze ausdrücken, gegenüber Lorentz-Transformationen gefordert werden. Die Ausführung dieser Forderung bildet den Inhalt der speziellen Relativitätstheorie.

Diese Theorie paßt zwar zu den Maxwellschen Gleichungen, ist aber unvereinbar mit der Grundlage der klassischen Mechanik. Zwar lassen sich die Bewegungsgleichungen des materiellen Punktes so modifizieren (und mit ihnen die Ausdrücke für Impuls und kinetische Energie des Massenpunktes), daß der Theorie Genüge geleistet wird. Aber der Begriff der Wechselwirkungskraft (und damit der Begriff der potentiellen Energie eines Systems) verliert seine Grundlage, weil er auf demjenigen der absoluten Gleichzeitigkeit beruht. An die Stelle der Kraft tritt das durch Differentialgleichungen beherrschte Feld.

Da diese Theorie nur Wechselwirkungen durch Felder zuläßt, verlangt sie eine Feldtheorie der Gravitation. Es ist auch in der Tat nicht schwer, eine solche aufzustellen, in welcher wie in Newtons Theorie das Gravitationsfeld sich auf einen Skalar zurückführen läßt, der einer partiellen Differentialgleichung genügt. Aber die in Newtons Gravitationstheorie ausgedrückten Erfahrungstatsachen führen auf einen andern Weg, den der allgemeinen Relativitätstheorie.

In der klassischen Mechanik ist es ein unbefriedigender Punkt, daß *dieselbe* Massenkonstante in zwei verschiedenen Weisen im Fundament auftritt; als »träge« Masse im Bewegungsgesetz und als »schwere« Masse im Gravitationsgesetz. Infolgedessen ist die Beschleunigung eines Körpers im reinen Schwerfeld unabhängig vom Material oder: im *gleichförmig beschleunigten* Koordinatensystem (beschleunigt gegenüber einem »Inertialsystem«) vollziehen sich die Bewegungen wie in einem homogenen Gravitationsfeld (gegenüber einem »ruhenden« Koordinatensystem). Nimmt man an, daß die Äquivalenz dieser beiden Fälle eine vollständige sei, so erreicht man eine Anpassung des theoretischen Denkens an die Tatsache der Gleichheit der trägen und schweren Masse.

Damit fällt aber auch die prinzipielle Bevorzugung der »Inertialsysteme« weg und es werden auch *nichtlineare* Transformationen der Koordinaten (X_1, X_2, X_3, X_4) als gleichberechtigt zugelassen. Nimmt man eine solche Transformation von einem Koordinatensystem der speziellen Relativitätstheorie aus vor, so geht deren Metrik

$$ds^2 = dx_1^2 + dx_2^2 + dx_3^2 - dx_4^2$$

über in eine allgemeine (Riemannsche) Metrik vom Baue

$$ds^2 = g_{\mu\nu} dx_\mu dx_\nu$$

(über μ und ν summiert),

wobei die in bezug auf μ und ν symmetrischen $g_{\mu\nu}$ gewisse Funktionen von $x_1 \ldots x_4$ sind, welche sowohl die metrischen Eigenschaften als auch das Gravitationsfeld des Raumes gegenüber dem neuen Koordinatensystem beschreiben.

Diesen Fortschritt in der Interpretation des mechanischen Fundamentes hat man aber damit zu erkaufen, daß – wie eine nähere Betrachtung lehrt – die neuen Koordinaten nicht mehr so unmittelbar als Meßergebnisse an starren Körpern und Uhren gedeutet werden können wie im ursprünglichen System (einem Inertialsystem mit verschwindendem Gravitationsfeld).

Den Übergang zur allgemeinen Relativitätstheorie schafft nun die Annahme, daß eine solche Darstellung der genannten Feldeigenschaften des Raums durch Funktionen $g_{\mu\nu}$ (beziehungsweise durch eine Riemann-Metrik) auch in dem *allgemeinen* Falle berechtigt sei, in welchem es kein Koordinatensystem gibt, in bezug auf welches die Metrik die einfache quasi-euklidische Form der speziellen Relativitätstheorie annimmt.

Die Koordinaten drücken nun an sich nicht mehr metrische Zusammenhänge aus, sondern nur noch das »Benachbartsein« von beschriebenen Dingen, deren Koordinaten wenig voneinander abweichen. Allle singularitätsfreien Transformationen der Koordinaten sind zulässig. Nur solche Gleichungen sind als Ausdruck allgemeiner Naturgesetze sinnvoll, welche bezüglich in diesem Sinne beliebiger Transformationen kovariant sind (Postulat der allgemeinen Kovarianz).

Erstes Ziel der allgemeinen Relativitätstheorie war eine vorläufige Fassung, welche unter Verzicht auf gewisse Forderungen innerer Geschlossenheit möglichst einfach mit dem »direkt Erlebbaren« verbunden war. Bei Beschränkung auf die reine Gravitations-Mechanik lieferte die Newtonsche Gravitationstheorie das Vorbild. Diese vorläufige Fassung läßt sich so charakterisieren:

(1) Der Begriff des materiellen Punktes und seiner Masse wird beibehalten. Für ihn wird ein Bewegungsgesetz angegeben, welches die Übersetzung des Trägheitsgesetzes in die Sprache der allgemeinen Relativitätstheorie ist. Es ist dies ein System von totalen Differentialgleichungen, das der geodätischen Linie.

(2) An die Stelle des Newtonschen Wechselwirkungs-Gesetzes durch Gravitation tritt das System der einfachsten allgemein kovarianten Differentialgleichungen, welches für den $g_{\mu\nu}$ Tensor aufgestellt werden kann. Es entsteht durch Nullsetzung des einmal verjüngten Riemannschen Krümmungs-Tensors ($R_{\mu\nu} = 0$).

Diese Formulierung erlaubt die Behandlung des Planetenproblems, genauer die Behandlung des Problems der Bewegung von materiellen Punkten, von praktisch verschwindender Masse in einem von einem als ›ruhend‹ gedachten Massenpunkte erzeugten (zentralsymmetrischen) Gravitationsfeld. Sie trägt weder der Rückwirkung der »bewegten« Massenpunkte auf das Gravitationsfeld Rechnung, noch stellt sie dar, wie die zentrale Masse das Gravitationsfeld erzeugt.

Die Analogie zur klassischen Mechanik zeigt folgenden Weg zur Vervollständigung der Theorie. Man setzt als Feldgleichungen

$$R_{ik} - {}^1\!/_2 g_{ik} R = - T_{ik},$$

wobei R den Skalar der Riemannkrümmung, T_{ik} den Energietensor der Materie in einer phänomenologischen Darstellung bedeutet. Die linke Seite ist so gewählt, daß ihre Divergenz identisch verschwindet. Das hieraus folgende Verschwinden der Divergenz der rechten Seite liefert die »Bewegungsgleichungen« der Materie in Form von partiellen Differentialgleichungen für den Fall, daß T_{ik} für die Beschreibung der Materie nur *vier* voneinander unabhängige weitere Funktionen einführt (z. B. Dichte, Druck und Geschwindigkeitskomponenten, wobei zwischen letzteren eine Identität, zwischen Druck und Dichte eine Bedingungsgleichung besteht).

Bei dieser Formulierung ist die ganze Gravitationsmechanik auf die Lösung eines einzigen Systems von kovarianten partiellen Differentialgleichungen reduziert. Diese Theorie vermeidet alle inneren Mängel, welche wir dem Fundament der klassischen Mechanik zur Last gelegt haben; sie genügt – soweit wir wissen – zur Darstellung der Erfahrungen der Himmelsmechanik. Sie gleicht aber einem Gebäude, dessen einer Flügel aus vorzüglichem Marmor (linke Seite der Gleichung), dessen anderer Flügel aus minderwertigem Holze gebaut ist (rechte Seite der Gleichung). Die phänomenologische Darstellung der Materie ist nämlich nur ein roher Ersatz für eine Darstellung, welche allen bekannten Eigenschaften der Materie gerecht würde.

Es macht keine Schwierigkeit, die Maxwellsche Theorie des elektromagnetischen Feldes mit der Theorie des Gravitationsfeldes zu verknüpfen, wenn man sich auf den Raum ohne ponderable Materie und ohne elektrische Dichte beschränkt. Man hat einfach auf die rechte Seite obiger Gleichung für T_{ik} den Energietensor des elektromagnetischen Vakuumfeldes zu setzen und dem so modifizierten Gleichungssystem die allgemein kovariant geschriebenen Maxwellschen Feldgleichungen des Vakuums zuzuordnen. Es bestehen dann zwischen all diesen Gleichungen hinreichend viele Differential-Identitäten, um deren Kompatibilität zu gewährleisten. Es sei hinzugefügt, daß diese notwendige formale Eigenschaft des gesamten Gleichungssystems die Wahl des Vorzeichens des Gliedes T_{ik} offen läßt – was sich später als bedeutsam erwiesen hat.

Das Streben nach möglichster Einheitlichkeit der Grundlagen der Theorie hat verschiedene Versuche veranlaßt, das Gravitationsfeld und das elektromagnetische Feld unter einen einheitlichen formalen Gesichtspunkt zu bringen. Hier ist besonders die fünfdimensionale Theorie von Kaluza und Klein zu nennen. Nach sorgfältiger Abwägung dieser Möglichkeit halte ich es aber doch für richtiger, den genannten Mangel an innerer Einheitlichkeit der ursprünglichen Theorie hinzunehmen, weil mir der Inbegriff der der fünfdimensionalen Theorie zugrundeliegenden Hypothesen nicht weniger Willkür zu enthalten scheint als die ursprüngliche Theorie. Dies gilt auch von der projektiven Abart der Theorie, welche insbesondere von v. Dantzig und von Pauli sorgfältig ausgearbeitet worden ist.

Die letzten Ausführungen bezogen sich ausschließlich auf die Theorie des materiefreien Feldes. Wie soll man aber von hieraus zu einer vollständigen Theorie der atomistisch konstituierten Materie gelangen? Jedenfalls müssen in einer solchen Theorie Singularitäten ausgeschlossen werden, da sonst die Differentialgleichungen das Gesamtfeld nicht vollständig bestimmen. Es besteht hier für die Feldtheorie der allgemeinen Relativität dasselbe Problem einer feldtheoretischen Darstellung der Materie wie ursprünglich für die Maxwellsche Theorie allein.

Auch hier führt der Versuch einer feldtheoretischen

Konstruktion der Teilchen scheinbar auf Singularitäten. Auch hier suchte man diesem Übelstande durch Einführung neuer Feldvariabeln und Komplizierung und Erweiterung des Systems der Feldgleichungen abzuhelfen. Vor kurzem entdeckte ich aber zusammen mit Herrn Dr. Nathan Rosen, daß die oben angedeutete einfachste Kombination der Feldgleichungen von Gravitation und Elektrizität zentralsymmetrische Lösungen liefert, welche singularitätsfrei dargestellt werden können (die bekannten zentralsymmetrischen Lösungen von Schwarzschild für das reine Gravitationsfeld und die von Reissner für das elektrische Feld unter Berücksichtigung seiner Gravitationswirkung). Hierüber wird im übernächsten Absatz kurz berichtet. Es scheint hier eine von zusätzlichen Hypothesen freie reine Feldtheorie der Materie und ihrer Wechselwirkungen möglich, deren Prüfung an der Erfahrung keine anderen als allerdings bedeutende rein mathematische Schwierigkeiten entgegenstehen.

6. Quantentheorie und Fundament der Physik

Die theoretischen Physiker der gegenwärtigen Generation erwarten sich die Aufstellung eines neuen theoretischen Fundamentes der Physik unter Verwendung von fundamentalen Begriffen, die von denjenigen der bisher betrachteten Feldtheorie erheblich abweichen. Der Grund hierfür liegt darin, daß man sich genötigt gesehen hat, für die mathematische Darstellung der sogenannten Quantenphänomene neuartige Betrachtungsweisen zu verwenden.

Während nämlich das durch die Relativitätstheorie aufgedeckte Versagen der klassischen Mechanik mit der Endlichkeit (dem nicht ∞-sein) der Lichtgeschwindigkeit zusammenhängt, entdeckte man am Anfange unseres Jahrhunderts andersartige Inkongruenzen zwischen Folgerungen der Mechanik und den experimentellen Tatsachen, welche mit der Endlichkeit (dem nicht O-sein) der Planckschen Konstante *h* zusammenhängen. Während nämlich die Molekular-Mechanik ein im wesentlichen *proportionales* Absinken der (monochromatischen) Strahlungsdichte und des Wärmeinhaltes der festen Körper mit sinkender absoluter Temperatur fordert, zeigte die Erfahrung ein viel rascheres Absinken dieser Energiegrößen mit der Temperatur. Um dieses Verhalten theoretisch zu deuten, mußte man annehmen, daß die Energie mechanischer Systeme nicht beliebige Werte annehmen kann, sondern nur gewisse diskrete Werte, deren mathematische Ausdrücke stets von der Planckschen Konstante *h* abhängig waren. Auch für die Theorie des Atoms (Bohrsche Theorie) war diese Auffassung wesentlich. Für den Übergang dieser Zustände ineinander – mit oder ohne Emission beziehungsweise Absorption von Strahlung – konnte man nicht kausale, sondern nur statistische Gesetze angeben, ebenso für den ungefähr zu der gleichen Zeit genauer erforschten radioaktiven Zerfall von Atomen. Mehr als zwei Jahrzehnte lang bemühten sich die Physiker vergebens, eine einheitliche Deutung jenes quantenhaften Charakters der Systeme und Vorgänge zu finden. Eine solche gelang aber vor etwa einem Jahrzehnt durch zwei scheinbar gänzlich verschiedene theoretische Methoden, von denen die eine auf Heisenberg und Dirac, die andere auf de Broglie und Schrödinger zurückgeht; die mathematische Gleichwertigkeit beider Theorien wurde dann bald von Schrödinger erkannt. Ich will hier den der Denkweise des Physikers näherliegenden Gedankenweg von de Broglie-Schrödinger zu skizzieren versuchen, um dann allgemeine Überlegungen daran zu knüpfen.

Die Frage ist zunächst: Wie kann man einem im Sinne

der klassischen Mechanik gegebenen System (die Energie-Funktion ist eine gegebene Funktion der Koordination q_r und der zugehörigen Momente p_r) eine diskrete Folge von Energiewerten H_σ zuordnen? Die Plancksche Konstante h ordnet den Energiewerten H_σ die Frequenzwerte $1/h\ H_\sigma$ zu. Es genügt also, dem System eine diskrete Folge von *Frequenz*werten zuzuordnen. Dies erinnert daran, daß in der Akustik der Fall auftritt, daß einer partiellen linearen Differentialgleichung (bei gegebenen Grenzbedingungen) eine Reihe diskreter Frequenzwerte zugeordnet ist, nämlich die der sinusartig periodischen Lösungen. Schrödinger stellte sich dementsprechend die Aufgabe, der gegebenen Energiefunktion $\varepsilon(q_r, p_r)$ eine partielle Differentialgleichung für eine skalare Funktion ψ zuzuordnen, wobei die q_r und die Zeit t die unabhängigen Variablen sind. Dies gelang ihm (für eine komplexe Funktion ψ) in solcher Weise, daß die von der statistischen Theorie geforderten theoretischen Werte der Energie (H_σ) wirklich in befriedigender Weise aus den periodischen Lösungen der Gleichung sich ergaben.

Allerdings erwies es sich nicht als möglich, einer bestimmten Lösung $\psi(q_r, t)$ der Schrödinger-Gleichung einen bestimmten Bewegungsvorgang im Sinne der Mechanik materieller Punkte zuzuordnen; d. h. der ψ-Funktion entspricht nicht oder wenigstens nie *genau* eine Darstellung der q_r als Funktion der Zeit t. Eine Interpretation der physikalischen Bedeutung der ψ-Funktion erwies sich aber nach Born als in folgender Weise durchführbar: $\psi\bar{\psi}$ (das Quadrat des absoluten Betrages der komplexen Funktion ψ) ist die Wahrscheinlichkeitsdichte für die betrachtete Stelle im Konfigurationsraum der q_r und für den Zeitwert t. Anschaulich, aber etwas ungenau, kann man demnach den Inhalt der Schrödinger-Gleichung so charakterisieren: Sie bestimmt, wie sich die Wahrscheinlichkeitsdichte einer statistischen System-Gesamtheit im Konfigurationsraum mit der Zeit ändert. Kurz: Die Schrödinger-Gleichung bestimmt die Änderung der Funktion ψ der q_r mit der Zeit.

Es muß erwähnt werden, daß die Ergebnisse der Theorie diejenigen der Punktmechanik als Grenzfälle enthalten, wenn die bei der Lösung des Schrödinger-Problems auftretenden Wellenlängen überall so klein sind, daß die potentielle Energie sich beim Vorschreiten um eine Wellenlänge im Konfigurationsraum nur praktisch unendlich wenig ändert. Dann kann man nämlich folgendes dartun: Man wählt ein Gebiet G_0 im Konfigurationsraum, das zwar (in jeder Richtung) groß gegen die Wellenlänge, aber klein gegen die maßgebenden Ausmessungen des Konfigurationsraumes ist. Man kann dann eine ψ-Funktion für eine Anfangszeit t_0 so wählen, daß sie außerhalb G_0 verschwindet und sich gemäß der Schrödinger-Gleichung so verhält, daß sie auch für die späteren Zeiten diese Eigenschaft angenähert behält, nur daß das Gebiet G_0 zur Zeit t in ein anderes Gebiet G übergegangen ist. Man kann so angenähert von der »Bewegung« des Gebietes G als Ganzes reden und sie durch die Bewegung eines Punktes im Konfigurationsraum approximieren. Diese Bewegung fällt dann mit derjenigen zusammen, welche durch die Gleichungen der klassischen Mechanik gefordert wird.

Interferenzversuche an Teilchenstrahlen lieferten den glänzenden Beweis dafür, daß der von der Theorie angenommene Wellencharakter der Bewegungsvorgänge der Wirklichkeit entspricht. Ferner gelang es der Theorie mit Leichtigkeit, die statistischen Gesetze des Übergangs eines Systems von einem Quantenzustande zu einem andern unter der Wirkung äußerer Kräfte darzustellen, was vom Gesichtpunkte der klassischen Mechanik wie ein Wunder erscheint. Die äußeren Kräfte wurden hierbei durch kleine zeitabhängige Zusätze zur potentiellen Energie dargestellt. Während solche Zusätze nach der klassischen Mechanik nur entsprechend kleine Änderungen des Systems erzeugen können, erzeugen sie nach der Quantenmechanik beliebig große Änderungen, aber mit entsprechend kleiner Wahrscheinlichkeit – durchaus im Einklang mit der Erfahrung.

Selbst ein Verständnis für die Gesetze des radioaktiven Zerfalls liefert diese Theorie zumindest in großen Zügen.

Es dürfte überhaupt wohl kaum jemals eine Theorie aufgestellt worden sein, welche einen Schlüssel zur Deutung und Berechnung so verschiedenartiger Erfahrungstatsachen geliefert hat wie die Quantenmechanik. Trotzdem glaube ich, daß sie dazu angetan ist, uns beim Suchen nach einem einheitlichen Fundament der Physik in die Irre zu führen; sie ist nämlich nach meiner Ansicht eine *unvollständige* Darstellung der wirklichen Gebilde, wenn auch die einzig zutreffende, welche sich auf die Grundbegriffe materieller Punkt und Kraft bauen läßt (Quantenkorrektur der klassischen Mechanik). Der Unvollständigkeit der Darstellung entspricht aber notwendig der statistische Charakter (Unvollständigkeit) der Gesetzlichkeit. Diese Meinung will ich nun begründen:

Ich frage zunächst: Inwiefern beschreibt die ψ-Funktion einen wirklichen Zustand eines mechanischen Systems? Es seien ψ_r die (nach aufsteigenden Werten der Energie geordneten) periodischen Lösungen der Schrödinger-Gleichung. Die Frage, inwieweit die einzelnen ψ_r *vollständige* Beschreibungen von physikalischen Zuständen sind, lasse ich vorläufig offen. Ein System befindet sich zunächst im Zustande ψ_1 niedrigster Energie ε_1. Dann wirke auf das System während einer beschränkten

Zeit eine kleine störende Kraft. Für eine spätere Zeit erhält man dann aus der Schrödinger-Gleichung eine ψ-Funktion von der Gestalt

$$\psi = \Sigma C_r \psi_r,$$

wobei die C_r (komplexe) Konstante sind. Sind die ψ_r »normiert«, so ist $|C_1|$ nahezu gleich 1, $|C_2|$ etc. klein gegen 1. Man kann nun fragen: Beschreibt ψ einen wirklichen Zustand des Systems? Wenn ja, so dürften wir kaum anders können, als diesem Zustand eine bestimmte Energie ε zuzuschreiben*, und zwar eine solche, die ε_1 um ein geringes übersteigt (jedenfalls $\varepsilon_1 < \varepsilon < \varepsilon_2$). Eine solche Annahme ist aber mit den Elektronenstoß-Versuchen, wie sie zuerst von J. Franck und G. Hertz durchgeführt worden sind, im Widerspruch, wenn man noch Millikans Nachweis von der diskreten Natur der Elektrizität zuhilfe nimmt. Aus diesen Versuchen folgt nämlich, daß es Energie-Zustände eines Systems, die zwischen den Quanten-Werten liegen, nicht gibt. Hieraus folgt, daß unsere Funktion ψ überhaupt keinen einheitlichen Zustand des Gebildes beschreibt, sondern eine statistische Aussage darstellt, in welcher die C_r Wahrscheinlichkeiten der einzelnen Energie-Werte bedeuten. Es scheint mir deshalb klar, daß die Bornsche statistische Deutung der Aussagen der Quantentheorie die einzig mögliche ist: Die ψ-Funktion beschreibt überhaupt nicht einen Zustand, der einem einzelnen System zukommen könnte; sie bezieht sich vielmehr auf so viele Systeme, eine »System-Gesamtheit« im Sinne der statistischen Mechanik. Wenn die ψ-Funktion abgesehen

* Denn die Energie eines (ruhenden) Gesamtsystems ist gleich dessen Trägheit (als Ganzes) gemäß einem gesicherten Ergebnis der Relativitätstheorie. Diese aber muß einen wohldefinierten, bestimmten Wert haben.

von besonderen Fällen nur *statistische* Aussagen über meßbare Größen liefert, so liegt dies also nicht nur daran, daß *der Vorgang der Messung* unbekannte, nur statistisch erfaßbare Elemente einführt, sondern eben daran, daß die ψ-Funktion überhaupt nicht den Zustand *eines* Einzelsystems beschreibt. Die Schrödinger-Gleichung bestimmt die zeitlichen Änderungen, welche die System-Gesamtheit erfährt, sei es ohne, sei es mit äußeren Einwirkungen auf das Einzelsystem.

Eine solche Interpretation beseitigt auch eine von mir zusammen mit zwei Mitarbeitern jüngst dargestellte Paradoxie, die sich auf folgenden Fall bezieht:

Ein mechanisches System bestehe aus zwei Teilsystemen *A* und *B*, die nur während einer beschränkten Zeit in Wechselwirkung miteinander treten. Die ψ-Funktion vor der Wechselwirkung sei gegeben. Dann liefert die Schrödinger-Gleichung die ψ-Funktion nach der Wechselwirkung. Es werde nun der physikalische Zustand des Teilsystems *A* durch eine möglichst vollständige Messung bestimmt. Die Quantenmechanik erlaubt dann, aus dem Messungsresultat und der ψ-Funktion des Gesamtsystems die ψ-Funktion des Teilsystems *B* zu bestimmen. Diese Bestimmung liefert aber ein Ergebnis, das davon abhängt, *welche* Zustandsgrößen von *A* gemessen werden (z. B. Koordinaten *oder* Momente). Da es nur *einen* physikalischen Zustand von *B* nach der Wechselwirkung geben kann, welcher vernünftigerweise nicht davon abhängig gedacht werden kann, was für Messungen ich an dem von *B* getrennten System *A* vornehme, zeigt dies, daß die ψ-Funktion dem physikalischen Zustande *nicht* eindeutig zugeordnet ist. Diese Zuordnung mehrerer ψ-Funktionen zu demselben physikalischen Zustand des Systems *B* zeigt wieder, daß die ψ-Funktion nicht als (vollständige) Beschreibung eines physikalischen Zustands (eines Einzelsystems) gedeutet werden kann. Die Zuordnung der ψ-Funktion zu einer System-Gesamtheit beseitigt auch hier jede Schwierigkeit.*

Daß die Quantenmechanik in so einfacher Weise Aussagen über (scheinbar) diskontinuierliche Übergänge von einem Gesamtzustand in einen andern abzuleiten gestattet, ohne wirklich eine Darstellung des eigentlichen Prozesses zu geben, hängt damit zusammen, daß die Theorie in Wahrheit nicht mit dem Einzelsystem, sondern mit einer System-Gesamtheit operiert. Die Koeffizienten C_r unseres ersten Beispieles ändern sich eben unter der Wirkung der äußeren Kräfte nur wenig. Man begreift bei dieser Interpretation der Quantenmechanik, wieso diese der Tatsache mit Leichtigkeit gerecht werden kann, daß schwache, störende Kräfte beliebig große Änderungen des physikalischen Zustands eines Systems bewirken können. Solche störende Kräfte erzeugen nämlich nur entsprechend schwache Änderungen der *statistischen Dichten* in der System-Gesamtheit, also auch nur unendlich schwache Änderungen der ψ-Funktion, deren mathematische Beschreibung weit weniger Schwierigkeiten darbietet als die mathematische Darstellung der endlichen Änderungen, welche ein Teil der Einzelsysteme erleidet. Der am Einzelsystem sich abspielende Vorgang bleibt freilich bei solcher Betrachtungsweise völlig unaufgeklärt; letzterer ist eben durch die statistische Betrachtungsweise aus der Darstellung völlig eliminiert.

Ich frage nun aber:

Glaubt wirklich irgendein Physiker, daß wir in diese bedeutenden Veränderungen der Einzelsysteme, ihre

* Vornahme einer Messung von A bedeutet nämlich dann Übergang zu einer engeren System-Gesamtheit. Letztere (also auch deren ψ-Funktion) hängt davon ab, nach welchem Gesichtspunkt diese Verengung der System-Gesamtheit vorgenommen wird.

Struktur und ihre Kausalzusammenhänge niemals werden Einblick erlangen können, trotzdem jene Einzelvorgänge dank der wunderbaren Erfindungen der Wilson-Kammer und des Geiger-Zählers in solche Erlebnisnähe gerückt sind? Dies zu glauben, ist zwar logisch widerspruchsfrei möglich, widerstrebt aber meinem wissenschaftlichen Instinkt so lebhaft, daß ich es nicht unterlassen kann, nach einer vollständigeren Auffassungsweise zu suchen.

Zu diesen Erwägungen kommen noch solche anderer Art hinzu, welche ebenfalls dagegen sprechen, daß die durch die Quantenmechanik eingeschlagene Methode geeignet sei, ein brauchbares Fundament für die ganze Physik zu liefern. In der Schrödinger-Gleichung spielt die absolute Zeit bzw. die potentielle Energie eine entscheidende Rolle, welche Begriffe durch die Relativitätstheorie als im Prinzip unzulässig erkannt sind. Will man davon loskommen, so muß man, statt der Wechselwirkungskräfte, Felder und Feldgesetze zugrunde legen. Dies führt dahin, auf Felder, d. h. Systeme von unendlich vielen Freiheitsgraden, die statistische Methode der Quantenmechanik zu übertragen. Obwohl die bisherigen Versuche sich auf lineare Gleichungen beschränken, was doch nach den Ergebnissen der allgemeinen Relativitätstheorie nicht genügen kann, sind die bei den bisherigen überaus scharfsinnigen Bemühungen auftretenden Komplikationen bereits abschreckend groß. Sie müssen sich türmen, wenn man der Forderung der allgemeinen Relativität gerecht werden will, an deren grundsätzlicher Berechtigung doch niemand zweifelt.

Es ist allerdings darauf hingewiesen worden, daß bereits die Einführung eines raum-zeitlichen Kontinuums angesichts der molekularen Struktur allen Geschehens im Kleinen möglicherweise als naturwidrig anzusehen sei. Vielleicht weise der Erfolg von Heisenbergs Methode auf eine rein algebraische Methode der Naturbeschreibung, auf die Ausschaltung kontinuierlicher Funktionen aus der Physik hin. Dann aber muß auch auf die Verwendung des Raum-Zeit-Kontinuums prinzipiell verzichtet werden. Es ist nicht undenkbar, daß der menschliche Scharfsinn einst Methoden finden wird, welche die Beschreitung dieses Weges möglich machen. Einstweilen aber erscheint dieses Projekt ähnlich wie der Versuch, in einem luftleeren Raum zu atmen.

Es ist kein Zweifel, daß die Quantenmechanik ein schönes Stück Wahrheit erfaßt hat, und daß es ein Prüfstein eines künftigen theoretischen Fundaments sein wird, daß sie als Grenzfall aus diesem Fundament deduzierbar sein muß – etwa wie die Elektrostatik aus den Maxwellschen Gleichungen des elektromagnetischen Feldes oder die Thermodynamik aus der klassischen Mechanik. Aber ich glaube, daß beim Aufsuchen jenes Fundaments die Quantenmechanik nicht als *Ausgangspunkt* dienen kann, so wenig als man umgekehrt ausgehend von der Thermodynamik beziehungsweise statistischen Mechanik auf das Fundament der Mechanik kommen könnte.

Angesichts dieser Sachlage erscheint es mir durchaus gerechtfertigt, die Frage ernsthaft zu erwägen, ob nicht *doch* die Grundlage der Feldphysik mit den Quanten-Tatsachen vereinbar ist. Ist doch diese Grundlage die einzige, welche bei dem heutigen Stande unserer mathematischen Ausdrucksmittel dem Postulat der allgemeinen Relativität sich anpassen läßt. Die unter den Physikern der Gegenwart vorherrschende Überzeugung von der Aussichtslosigkeit eines solchen Versuchs dürfte mit der unbegründeten Überzeugung zusammenhängen, daß eine solche Theorie in erster Näherung auf die Gleichungen der klassischen Mechanik für die Bewegung der Korpuskeln führen müsse, oder wenigstens auf totale Differentialgleichungen. In Wahrheit ist es aber bisher überhaupt nicht gelungen. Korpuskeln feldtheoretisch singularitätsfrei darzustellen, und wir können über das Verhalten solcher Gebilde a priori gar nichts aussagen. *Eines* aber ist sicher: liefert eine Feldtheorie eine singularitätsfreie Darstellung der Korpuskeln, so ist deren zeitliches Verhalten durch die Differentialgleichungen des Feldes allein bestimmt.

7. Relativitätstheorie und Korpuskeln

Ich will nun noch zeigen, daß es gemäß der allgemeinen Relativitätstheorie singularitätsfreie Lösungen der Feldgleichungen gibt, welche als Darstellung von Korpuskeln gedeutet werden können. Ich beschränke mich hier auf neutrale Teilchen, weil ich den Gegenstand vor kurzem zusammen mit Herrn Dr. Nathan Rosen an anderer Stelle ausführlich dargelegt habe, und weil das Wesentliche der Sache sich hier völlig darstellen läßt.

Das Gravitationsfeld wird durch den Tensor $g_{\mu\nu}$ vollständig beschrieben. In den Drei-Indices-Symbolen $\Gamma_{\mu\nu}{}^{\sigma}$ treten auch die kontravarianten $g^{\mu\nu}$ auf, welche als die durch die Determinante $g(=|g_{\alpha\beta}|)$ dividierten Unterdeterminanten der $g_{\mu\nu}$ definiert sind. Damit die R_{ik} bildbar und endlich seien, genügt es nicht, daß es für die Umgebung jedes Punktes des Kontinuums ein Koordinatensystem gebe, in welchem die $g_{\mu\nu}$ und ihre ersten Differentialquotienten stetig und differenzierbar sind, sondern es darf auch die Determinante g nirgends verschwinden. Diese letztere Einschränkung fällt aber weg, wenn man die Differentialgleichungen $R_{ik} = 0$ durch $g^2 R_{ik} = 0$ ersetzt, deren linke Seiten *ganze* rationale Funktionen der g_{ik} und ihrer Ableitungen sind.

Diese Gleichungen haben die von Schwarzschild angegebene zentralsymmetrische Lösung

$$ds^2 = -\frac{1}{1-2m/r}dr^2 - r^2(d\theta^2 + \sin^2\theta d\varphi^2) + \left(1 - \frac{2m}{r}\right) dt^2.$$

Diese Lösung hat bei $r = 2\,m$ eine Singularität, da der Faktor von dr^2 (g_{11}) an dieser Hyperfläche ∞ wird. Ersetzt man jedoch die Variable r durch p gemäß der Substitution

$$p^2 = r - 2\,m$$

so erhält man

$$ds^2 = -4\,(2m + p^2)\,dp^2 - (2m + p^2)^2(d\theta^2 + \sin^2\theta d\varphi^2) + \frac{p^2}{2m + p^2}\,dt^2.$$

Diese Lösung verhält sich für alle p regulär. Das Verschwinden des Faktors von dt^2 (g_{44}) für $p = 0$ bewirkt zwar, daß hier die Determinante g verschwindet, was aber bei der gewählten Schreibweise der Feldgleichungen keine Singulariät bedeutet.

Läuft p zwischen $-\infty$ und $+\infty$, so läuft r von $+\infty$ bis $r = 2m$ und dann wieder zurück bis $+\infty$, während solchen r, für welche $r < 2m$, überhaupt keine reellen p entsprechen. Die Schwarzschildsche Lösung wird also dadurch zu einer regulären Lösung, daß man den physikalischen Raum als aus zwei identischen »Schalen« bestehend darstellt, welche in der Hyperfläche $p = 0$ beziehungsweise $r = 2m$ aneinandergrenzen, für welch letztere die Determinante g verschwindet. Eine derartige Verbindung zwischen den beiden (identischen) Schalen wollen wir eine »Brücke« nennen. Die Existenz einer »Brücke« zwischen beiden Schalen im Endlichen entspricht also einem materiellen neutralen Teilchen, welches singularitätsfrei beschrieben ist.

Die Lösung des Problems der Bewegung von neutralen Teilchen kommt offenbar hinaus auf die Auffindung von solchen Lösungen der (nennerfrei geschriebenen) Gravitationsgleichungen, welche mehrere Brücken aufweisen.

Die im vorigen skizzierte Auffassung wird von vorneherein der automistischen Struktur der Materie insofern gerecht, als die »Brücke« ihrer Natur nach ein diskretes Element ist. Außerdem versteht man, daß die Massenkonstante m des neutralen Teilchens notwendig positiv sein muß, da sich der Schwarzschildschen Lösung für negatives m keine singularitätsfreie Lösung zuordnen läßt. Erst die Untersuchung des Mehr-Brücken-Problems kann zeigen, ob diese theoretische Methode eine Erklärung für die empirisch erwiesene Massengleichheit der Teilchen in der Natur liefert, und ob sie den von der Quantenmechanik so wunderbar erfaßten Tatsachen gerecht wird.

Analog läßt sich zeigen, daß die kombinierten Gleichungen von Gravitation und Elektrizität (bei passender Wahl des Vorzeichens des elektrischen Gliedes in den Gravitationsgleichungen) eine singularitätsfreie Brükkendarstellung für das elektrische Korpuskel liefern. Die einfachste Lösung dieser Art ist die für ein elektrisches Teilchen ohne Gravitationsmasse.

Solange die bedeutenden mathematischen Schwierigkeiten für die Lösung des Mehr-Brücken-Problems nicht überwunden sind, läßt sich über die Brauchbarkeit der Theorie vom physikalischen Standpunkt aus nichts aussagen. Es ist aber tatsächlich der erste Versuch einer konsequenten Ausbildung einer Feldtheorie, von dem die Möglichkeit besteht, daß er die Eigenschaften der Materie darstellt. Zugunsten dieses Versuchs muß auch geltend gemacht werden, daß er sich auf die nach dem heutigen Stand unserer mathematischen Einsicht einfachsten allgemein relativistischen Feldgleichungen gründet.

8. Zusammenfassung

Physik ist ein in Entwicklung begriffenes logisches Gedankensystem, dessen Grundlage nicht durch eine induktive Methode aus den Erlebnissen herausdestilliert, sondern nur durch freie Erfindung gewonnen werden kann. Die Berechtigung (Wahrheitswert) des Systems liegt in der Bewährung von Folgesätzen an den Sinneserlebnissen, wobei die Beziehung der letzteren zu ersteren nur intuitiv erfaßbar ist. Die Entwicklung vollzieht sich in der Richtung wachsender Einfachheit des logischen Fundamentes. Um diesem Ziele näher zu kommen, müssen wir uns damit abfinden, daß die logische Grundlage immer erlebnisferner und der gedankliche Weg von den Grundlagen bis zu jenen Folgesätzen, welche ihr Korrelat in Sinneserlebnissen finden, immer beschwerlicher und länger wird.

Unser Ziel war, die Entwicklung der Grundbegriffe in ihrer Abhängigkeit von dem Erlebnismaterial und vom Streben nach innerer Vervollkommnung des Systems so kurz als möglich zu skizzieren. Der gegenwärtige Stand sollte durch diese Betrachtung beleuchtet werden – wie er mir erscheint. (Historisch-schematische Darstellung muß persönlich gefärbt sein; dies ist unvermeidlich.)

Ich suche zu zeigen, wie die Begriffe körperliches Objekt, Raum, subjektive und objektive Zeit miteinander und mit dem Charakter des Erlebens zusammenhängen. In der klassischen Mechanik werden die Begriffe Raum und Zeit selbständig; der Begriff des körperlichen Objekts wird in der Grundlage ersetzt durch den des materiellen Punktes, wodurch die Mechanik zum Fundament atomistisch wird. Bei dem Versuch, die Mechanik zum

Fundament der ganzen Physik zu machen, machen Licht und Elektrizität unüberwindliche Schwierigkeiten. Dies führt zur Feldtheorie der Elektrizität und weiter zu dem Versuch, die Physik ganz auf den Feldbegriff zu gründen (nach versuchtem Kompromiß mit der klassischen Mechanik). Dieser Versuch führt zur Relativitätstheorie (Sublimierung des Raum- und Zeitbegriffes zum Kontinuum mit metrischer Struktur).

Ich suche ferner darzutun, warum nach meiner Ansicht die Quantentheorie nicht dazu geeignet zu sein scheint, ein brauchbares Fundament der Physik zu liefern: Man gerät in Widersprüche, wenn man die quantentheoretische Beschreibung als eine *vollständige* Beschreibung des einzelnen physikalischen Systems beziehungsweise Vorgangs zu betrachten sucht.

Andererseits ist die Feldtheorie bisher nicht imstande, eine Theorie der Molekularstruktur der Materie und der Quanten-Phänomene zu liefern. Es wird aber gezeigt, daß die Überzeugung von der Unfähigkeit der Feldtheorie, diese Probleme mit ihren Methoden zu lösen, auf Vorurteilen beruht.

13
Das Fundament der Physik (1940)

Wissenschaft ist der Versuch, der chaotischen Mannigfaltigkeit der Sinneserlebnisse ein logisch einheitliches gedankliches System zuzuordnen; in diesem System sollen die einzelnen Erlebnisse derart ihr gedanklich-theoretisches Korrelat finden, daß die Zuordnung eindeutig und überzeugend erscheint.

Sinnerlebnisse finden wir vor. Sie sind das unverrückbar Gegebene. Das Gedankliche aber, das uns zu dieser Erfassung dient, ist Menschenwerk, Ergebnis eines äußerst mühevollen Anpassungsprozesses, hypothetisch, niemals völlig gesichert, stets gefährdet und in Frage gestellt.

Die wissenschaftliche Begriffsbildung und Methode unterscheidet sich von der des Alltags lediglich durch größere Schärfe der Begriffe und Schlüsse, durch sorgfältigere und systematischere Auswahl des Erfahrungsmaterials sowie durch Sparsamkeit im logischen Sinne. Hierunter sei das Bestreben verstanden, alle Begriffe und Relationen auf möglichst wenige, logisch voneinander unabhängige Grundbegriffe und Axiome zurückzuführen.

Physik ist diejenige Gruppe von Erfahrungswissenschaften, die ihre Begriffe auf das Messen gründet, und deren Begriffe und Sätze sich mathematisch konstruieren lassen. Ihr Bereich ist also durch die Methode gegeben, als der Inbegriff der Erfahrungsinhalte, die sich mathematisch erfassen lassen. Mit ihrem Fortschreiten hat sich der Bereich der Physik so erweitert, daß sie uns an jene Grenzen gebunden erscheint, die in ihrer Methode selbst liegen.

Der größte Teil der physikalischen Forschungsarbeit ist dem Ausbau von Einzelwissenschaften gewidmet, deren jede die begriffliche Erfassung von mehr oder weniger engbegrenzten Erfahrungsgebieten zum Gegenstand hat, und deren Begriffe und Gesetze dem Erlebnis möglichst nahe bleiben. Dieser Teil der Wissenschaft mit seiner stets wachsenden Spezialisierung ist es, der für das praktische Leben in den letzten Jahrhunderten von so umwälzender Wirkung gewesen ist und der die Möglichkeiten für die Befreiung der Menschen von der Last der physischen Arbeit geschaffen hat.

Daneben bestand aber auch von Anfang an das Bestreben, eine alle diese Einzelwissenschaften vereinigende theoretische Basis aufzufinden, bestehend aus einem Minimum von Begriffen und Grundrelationen, aus denen alle Begriffe und Relationen der Einzelwissenschaften sich auf rein logischem Wege sollen ableiten lassen. Es ist das Suchen nach einem Fundament der ganzen Physik. Das Vertrauen in die Erreichbarkeit dieses höchsten Zieles ist eine Hauptquelle der leidenschaftlichen Hingabe, welche die Forscher von jeher beseelt hat. Dem Fundament der Physik in diesem Sinne sind die folgenden Betrachtungen gewidmet.

Aus dem Gesagten geht schon hervor, daß der Ausdruck Fundament nicht etwas bedeutet, was in jeder Beziehung dem Fundament eines Gebäudes analog ist. Wohl ruhen die einzelnen Sätze der Physik logisch betrachtet auf diesem Fundament. Während aber bei einem schweren Sturm oder einer Springflut ein Gebäude schwer beschädigt werden mag, ohne daß das Fundament Schaden leidet, ist in der Wissenschaft das logische Fundament in größerer Gefahr, durch neue Erfahrungen oder sonstige neue Erkenntnisse erschüttert zu werden als die in engster Fühlung mit den Erfahrungstatsachen gewachsenen Teildisziplinen. In der Verbundenheit mit allen Teilen liegt die Bedeutung des Fundamentes, aber auch seine gefährdete Stellung allem Neuen gegenüber. Hält man sich dies lebhaft vor Augen, so kann man sich nur darüber wundern, daß die sogenannten Revolutions-Perioden der Physik das Fundament nicht öfter und in stärkerem Maße verändert haben, als es tatsächlich der Fall gewesen ist. Der erste Versuch, der Physik ein theoretisches Fundament zu geben rührt von Newton her. In diesem System ist alles reduziert auf die Begriffe:

Qualitativ unveränderliche Massenpunkte von unveränderlicher Masse,
Fernkräfte zwischen je zwei Massenpunkten,
Bewegungsgesetz für den Massenpunkt.

Ein Fundament im strengen Sinne lag eigentlich nicht vor, weil nur die Fernkräfte der Gravitation explizit aufgestellt waren, während für die Fernkräfte sonstiger Art nichts a priori festgesetzt war, als das Gesetz der Gleichheit von Actio und Reactio. Newton war sich auch darüber klar, daß Zeit und Raum wesentlich als physikalisch wirksame Faktoren in sein System eingingen, wenn auch nur in einer impliziten Weise.

Dies Fundament erwies sich als eminent fruchtbar und wurde bis gegen das Ende des 19. Jahrunderts als endgültig gesichert betrachtet. Es lieferte nicht nur bis in die feinsten Einzelheiten die Bewegung der Himmelskörper, sondern auch eine Mechanik der diskontinuierlichen und kontinuierlichen Massen, eine einfache Deutung des Energieprinzipes und eine Theorie der kalorischen Erscheinungen von großer Eleganz und Vollständigkeit. Weniger ungezwungen war die Einordnung der elektrodynamischen Erscheinungen und am bedenklichsten von Anfang an die Theorie des Lichtes.

Es ist nicht zu verwundern, daß Newton von einer Undulationstheorie des Lichts nichts wissen wollte, denn diese Theorie paßte recht schlecht zu seinem theoretischen Fundament. Die Annahme, daß der Raum von einem aus materiellen Punkten gebildeten Medium erfüllt sei, das die Lichtwellen fortpflanzt, ohne sich mechanisch sonstwie bemerkbar zu machen, mußte ihm recht künstlich erscheinen. Die stärksten empirischen Argumente für die Wellen-Natur des Lichtes, bestimmte Fortpflanzungsgeschwindigkeit, Interferenz, Beugung, Polarisation, lagen noch nicht, beziehungsweise noch nicht übersichtlich vor, so daß er ein gutes Recht hatte, an seiner Emissionstheorie festzuhalten.

Nachdem im 19. Jahrhundert die Zweifel an der undulatorischen Struktur geschwunden waren, regten sich doch kaum ernsthafte Zweifel an dem mechanischen

Fundament der Physik, zunächst einfach deshalb, weil man nicht wußte, woher man ein Fundament anderer Art nehmen sollte. Langsam nur und unter dem unwiderstehlichen Druck der Tatsachen entwickelte sich ein neues Fundament der Physik, die Physik des Feldes.

Seit Newtons Zeit wurde immer wieder die Theorie der Fernkräfte als unnatürlich empfunden. Es fehlte nicht an Versuchen, die Fernwirkung der Gravitation kinetisch zu erklären, d. h. auf dem Boden der Mechanik durch Stoßkräfte hypothetischer Massenteilchen zu erklären. Aber die Versuche waren äußerlich und blieben unfruchtbar. Auch die merkwürdige Rolle, welche der Raum, beziehungsweise das Inertialsystem, im mechanischen Fundament spielte, wurde deutlich erkannt und besonders klar von Ernst Mach kritisiert.

Die große Wandlung wurde durch Faraday, Maxwell und Hertz vollzogen – eigentlich unwissentlich und unwillig. Denn alle drei Forscher hielten sich selbst zeitlebens für Anhänger des mechanischen Fundaments. Selbst Hertz, der erklärte, daß jede Theorie Maxwellsche Theorie sei, die auf jene von ihm erst in die durchsichtigste Form gebrachten elektromagnetischen Feldgleichungen führe, verfaßte am Schluß seines kurzen Lebens eine Schrift, in welcher er eine von Kraftbegriff befreite Mechanik als Fundament der Physik darstellte.

Für uns, die wir Faradays Ideen sozusagen mit der Muttermilch eingesogen haben, ist es gar nicht leicht, die Größe und Kühnheit dieser Ideen voll zu würdigen. Er muß mit sicherem Instinkt die Unnatürlichkeit aller Bemühungen erkannt haben, die elektromagnetischen Erscheinungen auf Fernkräfte zwischen Elektrizitätsteilchen zurückzuführen, die paarweise aufeinander wirken. Was sollte jedes einzelne der auf ein Papier gestreuten Eisenfeilspäne von den einzelnen elektrischen Teilchen wissen, die in einem benachbarten Stromleiter herumlaufen? All diese elektrischen Teilchen zusammen schienen im umgebenden Raum einen Zustand zu erzeugen, der die Ordnung der Feilspäne bewirkte. Diese Raumzustände – heute Felder genannt – in ihrer geometrischen Struktur und ihrer Wechselwirkung richtig erfaßt, schienen ihm den Schlüssel für das Begreifen jener rätselhaften elektromagnetischen Wechselwirkungen zu liefern. Jene Felder dachte er sich als mechanische Zwangszustände eines den Raum erfüllenden Mediums, nach Art der Zwangszustände in einem elastisch deformierten Körper. Denn dies war die einzige Art, in der man sich damals im Raume anscheinend kontinuierlich verteilte Zustände denken konnte. Die besondere Art jener mechanischen Deutung dieser Felder blieb sozusagen im Hintergrund stehen, eine Art Beruhigung des Gewissens gegenüber der ans Mechanische geketteten gedanklichen Tradition.

Mit Hilfe dieses Feldbegriffes gelang es Faraday, den ganzen von ihm und seinen Vorgängern entdeckten Komplex elektromagnetischer Erscheinungen in übersichtlicher Weise qualitativ zu begreifen. Die exakte Formulierung der zeit-räumlichen Gesetze, denen jene Felder gehorchten, war dann Maxwells Werk. Was mag Maxwell gefühlt haben, als eines Tages die von ihm formulierten Differentialgleichungen ihm zeigten, daß sich elektromagnetische Felder im Raum in Form polarisierter Wellen mit der Geschwindigkeit des Lichtes ausbreiten? Wenigen Sterblichen wird ein so wunderbares Erlebnis zuteil. Er ahnte in jenem gesegneten Augenblick wohl kaum, daß dieses scheinbar so vollkommen enträtselte Licht späteren Generationen so furchtbare Schwierigkeiten bereiten würde! Einstweilen bedurfte es einiger Jahrzehnte, bis die Physiker die Tragweite von Maxwells Entdeckung begriffen; so groß war der Gedankensprung, den Faradays Genie mit der Idee des

Feldes seinen Zeitgenossen zumutete. Erst als Hertz durch seine Versuche die von Maxwells Theorie geforderte Existenz der elektromagnetischen Wellen überzeugend nachgewiesen hatte, schwand jeder Widerstand gegen die neue Lehre.

Wenn nun das elektromagnetische Feld als Welle losgelöst von der erzeugenden Materie existieren konnte, so durfte auch die elektrostatische Wechselwirkung nicht mehr als Fernkraft gedeutet werden. Und was für elektrische Wirkungen galt, das war auch für die Gravitation kaum zu leugnen. Das mit endlicher Geschwindigkeit sich ausbreitende Feld trat an die Stelle der Newtonschen Fernkräfte.

Von Newtons Fundament blieben so nur noch die dem Bewegungsgesetz unterworfenen materiellen Massenpunkte übrig. J. J. Thomson machte aber darauf aufmerksam, daß ein bewegter elektrisch geladener Körper auf Grund der Maxwellschen Theorie ein Magnetfeld besitzen müsse, dessen Energie sich genauso verhält wie ein Zuwachs zu seiner kinetischen Energie. Wenn aber ein Teil der kinetischen Energie in Feldenergie besteht, sollte dies nicht überhaupt für die ganze kinetische Energie gelten? Sollte sich nicht die Grundeigenschaft der Materie, die Trägheit, feldtheoretisch deuten lassen? Dies führt zu dem Problem einer feldtheoretischen Konstruktion der Materie, dessen Lösung zugleich eine Erklärung der atomistischen Struktur der Materie liefern würde. Gar bald erkannte man, daß die Maxwellsche Theorie dies nicht leisten konnte. Man suchte seither mit größtem Eifer, die Feldtheorie durch Erweiterung so zu vervollständigen, daß sie dies leistete, aber bisher ganz ohne Erfolg. Um eine Theorie zu bauen, bedarf es nicht nur der klaren Erkenntnis eines Zieles; man muß auch einen Gesichtspunkt haben, welcher die an sich unbeschränkten Möglichkeiten genügend einschränkt. An einem solchen fehlte es aber, und die Feldtheorie hat es deshalb zunächst nicht so weit gebracht, ein Fundament für die gesamte Physik zu liefern.

Jahrzehntelang hielten allerdings die meisten Physiker noch an der Überzeugung fest, daß es gelingen werde, einen mechanischen Unterbau für die Maxwellsche Theorie zu finden. Die wenig befriedigenden Ergebnisse dahinzielender Bemühungen brachten es aber mit sich, daß man sich allmählich daran gewöhnte, die Feldgrößen als irreduzible Grundbegriffe aufzufassen, d. h. auf ein mechanisches Fundament der Physik endgültig zu verzichten.

Die Physik hatte damit ein feldtheoretisches Programm erhalten. Dasselbe verdiente aber nicht den Namen eines Fundamentes, da nicht abzusehen war, ob es je gelingen würde, eine feldtheoretische Deutung der Gravitation und der materiellen Elementarbausteine der Materie zu gewinnen. Bei diesem Stand der Dinge war es nötig, die materiellen Teilchen einstweilen noch als den Newtonschen Bewegungsgleichungen unterworfen zu denken; so ging Lorentz vor, als er die Elektronentheorie und die Theorie der elektromagnetischen Erscheinungen bewegter Körper aufbaute.

Dies war der Stand der Entwicklung der physikalischen Grundbegriffe am Anfang dieses Jahrhunderts. Mächtige Fortschritte in der theoretischen Durchdringung neuartiger Phänomengruppen wurden erzielt; die Aufstellung eines einheitlichen Fundamentes der Physik aber war in weite Ferne gerückt. Diese Krise des Fundamentes hat sich durch die seitherige Entwicklung noch verschärft. Die Entwicklung ist durch zwei im wesentlichen voneinander unabhängige Gedankensysteme charakterisiert, die Relativitätstheorie und die Quantentheorie. Beide Systeme stehen zwar nicht gerade im Widerspruch miteinander; sie scheinen sich aber wenig dazu zu eignen, zu einer einheitlichen Theorie verschmolzen zu werden. Wir müssen auf den Kern dieser beiden Systeme kurz eingehen.

Die Relativitätstheorie ist aus dem Streben hervorgegangen, das Fundament der Physik, wie es am Anfang dieses Jahrhunderts vorlag, logisch zu verbessern. Die spezielle Relativitätstheorie beruht auf der Erkenntnis, daß die Gleichungen Maxwells (beziehungsweise das Gesetz der Lichtausbreitung im leeren Raume) in Gleichungen derselben Form übergehen, wenn man auf dieselben eine Lorentz-Transformation anwendet. Die empirisch in hohem Maße gesicherte physikalische Gleichwertigkeit aller Inertialsysteme in Verbindung mit dieser formalen Eigenschaft der Maxwellschen Gleichungen führt zu dem Ergebnis, daß die Lorentz-Transformation – angewandt auf die Koordinaten von Raum und Zeit – den Übergang von einem Inertialsystem zu einem beliebigen anderen beherrschen muß. Der Inhalt der speziellen Relativitätstheorie läßt sich demgemäß in dem Satz zusammenfassen: Alle Naturgesetze müssen so beschaffen sein, daß sie gegenüber Lorentz-Transformationen kovariant sind. Hieraus folgt der nicht-invariante Charakter der Gleichzeitigkeit, der Einfluß der Bewegungsgeschwindigkeit auf Uhren und starre Körper. Es ergab sich ferner eine Modifikation des Newtonschen Bewegungsgesetzes für den Fall, daß es sich nur um gegen die Lichtgeschwindigkeit nicht verschwindend kleine Geschwindigkeiten handelt. Auch ergab sich der Satz von der Äquivalenz von Masse und Energie, wobei der Erhaltungssatz der Masse in dem von der Erhaltung der Energie aufging. Mit der Relativierung der Gleichzeitigkeit schwand endgültig jede Möglichkeit, Fernkräfte ins Fundament der Physik aufzunehmen, da diese den absoluten Charakter der Gleichzeitigkeit voraussetzen.

Die allgemeine Relativitätstheorie verdankt ihre Entstehung dem Versuch, für eine seit Galilei und Newton bekannte, aber durch die Theorie nicht erklärte Tatsache eine Deutung zu finden: Trägheit und Schwere eines Körpers werden durch ein und dieselbe Konstante gemessen, die Masse. Diese Gesetzmäßigkeit bringt es mit sich, daß man auf empirischem Wege nicht entscheiden kann, ob nun ein Koordinatensystem beschleunigt ist, oder ob es unbeschleunigt ist und relativ zu ihm ein Gravitationsfeld existiert (Äquivalenzprinzip). Durch diese Tatsache wird der Begriff des Inertialsystems erschüttert, sobald man die Gravitation in den Kreis der Betrachtung einbezieht. Es sei auch bemerkt, daß das Inertialsystem einen schwachen Punkt der Galilei-Newtonschen Mechanik bildete. Denn es wird eine rätselhafte Eigenschaft des physikalischen Raumes vorausgesetzt, welche bedingt, in bezug auf welche Koordinatensysteme das Trägheitsgesetz beziehungsweise das Newtonsche Bewegungsgesetz Gültigkeit habe.

Diese Schwierigkeiten vermeidet man nur durch das Postulat: Die Naturgesetze sind derart zu formulieren, daß sie gleichlauten für Koordinatensysteme von beliebigem Bewegungszustand. Dies zu leisten ist die Aufgabe der allgemeinen Relativitätstheorie. Andererseits wird aus der speziellen Relativitätstheorie die Existenz einer Riemannmetrik in dem zeit-räumlichen Kontinuum gefolgert, welche gemäß dem Äquivalenzprinzip das Gravitationsfeld sowie die metrischen Eigenschaften des Raumes beschreibt. Unter der Voraussetzung, daß die Feldgleichungen der Gravitation von der zweiten Ordnung sein sollen, ist dann deren Feldgesetz eindeutig bestimmt.

Abgesehen von diesem Ergebnis befreit diese Theorie die Feldphysik von dem auch der Newtonschen Mechanik anhaftenden Übelstand, dem Raume jene selbständigen physikalischen Qualitäten zuzuschreiben, welche sich bei allen früheren Theorien hinter der Benutzung des Inertialsystems verbergen. Man kann aber nicht behaupten, daß die bisher gesicherten Teile der allgemeinen Relativitätstheorie der Physik ein vollständiges und befriedigendes Fundament geliefert haben. Erstens nämlich erscheint in ihr das Gesamtfeld aus zwei logisch unverbundenen Teilen, dem Gravitationsfeld und dem elektromagnetischen Feld zusammengesetzt. Zweitens hat diese Theorie ebensowenig wie die früheren Feldtheorien bisher eine Erklärung für die atomistische Struktur der Materie geliefert. Damit hängt es wohl auch zusammen, daß sie bisher nichts zum Verstehen der Quantenphänomene beigetragen hat. Um diese systematisch zu erfassen, hat sich die Physik genötigt gesehen, einen methodisch ganz neuen Weg einzuschlagen, dessen prinzipielle Besonderheiten wir nun zu betrachten haben.

Im Jahre 1900 machte Max Planck bei einer rein theoretischen Untersuchung eine sehr merkwürdige Entdeckung: Das Gesetz der Licht-Ausstrahlung der Körper unter dem Einfluß der Temperatur ließ sich unter alleiniger Berücksichtigung der Maxwellschen Elektrodynamik und Mechanik nicht ableiten. Um zu Ergebnissen zu kommen, die mit den einschlägigen Erfahrungen in Einklang stehen, mußte Strahlung von der Frequenz ν so behandelt werden, als ob sie aus Energie-Atomen von der Einzelenergie $h\,\nu$ bestünde. Es erwies sich dann in den folgenden Jahren, daß Licht überall in solchen Energie-Quanten erzeugt und absorbiert wurde. Insbesondere konnte Bohr den Bau der Atome weitgehend verstehen unter der Annahme, daß die Atome nur diskrete Energie-Werte haben können, die ineinander sprunghaft unter Aussendung eines solchen Energie-Quants übergehen. Dies lieferte ein gewisses

Verständnis für die Tatsache, daß die Elemente im Gaszustande nur Licht von scharf definierten Frequenzen emittieren. All dies war im Rahmen der bisherigen Theorien völlig unerklärlich und zeigte, daß mindestens in der Sphäre der atomistischen Phänomene der Charakter allen Geschehens beherrscht sei durch diskrete Zustände und anscheinend diskontinuierliche Übergänge zwischen diesen, wobei überall die Plancksche Konstante h eine entscheidende Rolle spielte.

De Broglie stellte sich die Frage, wie man diskrete Zustände mit Hilfe der uns geläufigen Begriffe verstehen könne und verfiel auf den Vergleich mit stehenden Schwingungen von Wellen, wie sie zum Beispiel in der Akustik die Eigentöne der Pfeifen und Trompeten verständlich machten. Wellenvorgänge der hier benötigten Art kannte man zwar nicht. Sie ließen sich aber unter Benutzung der Planckschen Konstante h mathematisch konstruieren. De Broglie dachte sich ein einen Atomkern umkreisendes Elektron mit einem solchen hypothetischen Wellenfeld verknüpft, dessen stehende Schwingungen den diskreten Charakter der realisierbaren Umlaufsbahnen in gewissem Maße verständlich machten.

In der Mechanik nun ist die Bewegung der materiellen Punkte durch Kräfte beziehungsweise Kraftfelder bestimmt. So mußte man erwarten, daß jene Kraftfelder auch die de Broglieschen Wellenfelder analog beeinflussen. Wie dieser Einfluß anzunehmen sei, zeigte Schrödinger, indem er gewisse Formulierungen der klassischen Mechanik durch eine geistreiche Methode umdeutete. Es gelang ihm sogar, diese wellenmechanische Theorie so zu erweitern, daß sie ohne Einführung besonderer neuer Hypothesen auf ein mechanisches System anwendbar war, das aus beliebig vielen Massenpunkten aufgebaut ist, beziehungsweise beliebig viele

Freiheitsgrade besitzt. Denn ein aus n Massenpunkten bestehendes mechanisches System ist mathematisch weitgehend äquivalent einem einzigen Massenpunkt, der sich in einem Raum von 3n Dimensionen bewegt.

Man erlangte auf Grund dieser Theorie eine verblüffend gute Darstellung einer unübersehbaren Mannigfaltigkeit von Tatsachen, welche sonst gänzlich unverständlich erscheinen. Eines aber gelang merkwürdigerweise nicht: Es erwies sich als unmöglich, jenen Wellenvorgängen bestimmte Bewegungen der Massenpunkte zuzuordnen, denen zuliebe ja die ganze Konstruktion ersonnen worden war.

Diese zunächst unüberwindlich erscheinende Schwierigkeit wurde von Born in einer ebenso einfachen wie überraschenden Weise überwunden: die de Broglie-Schrödingerschen Wellenfelder sind nicht aufzufassen als eine mathematische Beschreibung des Vorganges wie er sich in Raum und Zeit tatsächlich abspielt, wenn sie sich natürlich auch auf einen derartigen Vorgang beziehen. Die Wellenfelder sind vielmehr ein mathematischer Ausdruck dessen, was wir über das System tatsächlich wissen können. Sie dienen dazu, statistische Aussagen zu machen über die Ergebnisse aller Messungen, die wir in dem System ausführen können.

Es handle sich z. B. um einen Massenpunkt, der durch Kräfte von endlicher Stärke im Innern eines kleinen Gebietes G festgehalten wird. Ist die kinetische Energie des Massenpunktes unterhalb einer gewissen Grenze, so würde dieser das Gebiet G nach der klassischen Mechanik niemals verlassen können. Nach der Quantenmechanik aber vermag der Massenpunkt das Gebiet nach Ablauf einer von vornherein nicht bestimmbaren Zeit aus dem Gebiet G auszutreten und in einer von vornherein nicht bestimmbaren Richtung zu entweichen. Das hier betrachtete Beispiel ist nach Gamow das schematische Modell einer radioaktiven Zerfallsreaktion.

Die quantentheoretische Behandlung dieses Falles ist nun von folgender Art: Zur Zeit $t = 0$ besteht ein im Innern von G eingeschlossenes Schrödingersches Wellensystem. Dieses aber tritt von t_0 an nach allen Seiten aus dem Innern von G heraus, derart daß die Amplitude des austretenden Wellenvorganges klein ist gegen die Amplitude des Wellensystems, welches in $t=0$ im Innern von G vorhanden ist. Je weiter sich diese äußeren Wellen ausbreiten, desto mehr nimmt die Amplitude der im Innern von G verbleibenden Wellen ab und entsprechend auch die Intensität der in späterer Zeit aus G austretenden Wellen. Nach unendlicher Zeit erst ist der Wellenvorrat im Innern von G aufgezehrt, und der äußere Wellenvorgang über ein stets wachsendes Gebiet ausgebreitet.

Was hat nun dieser Wellenvorgang mit den uns interessierenden, ursprünglich in G eingeschlossenen Teilchen zu schaffen? Um dies zu beantworten, müssen wir uns eine Anordnung denken, welche die Ausführung einer Messung an dem Teilchen gestattet. Wir denken uns etwa irgendwo im Umgebungsraum eine Tafel angebracht von solcher Beschaffenheit, daß auf ihr das Teilchen steckenbleibt, wenn sie von ihm getroffen wird. Dann schließt man aus der Intensität der an einem Ort der Tafel auf diese auftretenden Wellen auf die Wahrscheinlichkeit, daß die Tafel dort in der nächsten Zeiteinheit von dem Teilchen getroffen wird. Ist das Teilchen irgendwo aufgetroffen, so hat das Wellenfeld keinerlei physikalische Bedeutung mehr; es diente ja nur dazu, die raum-zeitlichen Wahrscheinlichkeits-Verhältnisse für das Auftreffen des Teilchens an irgendeinem Orte (oder zum Beispiel die Aufprall-Geschwindigkeit) zu beurteilen.

Analog ist es in allen Fällen. Was die Theorie bezweckt, ist die Bestimmung der Wahrscheinlichkeit des Auftretens bestimmter Meßresultate in einem System für eine gegebene Zeit. Dagegen verzichtet die Theorie darauf, eine mathematische Darstellung dessen zu geben, was in Zeit und Raum tatsächlich vorhanden ist beziehungsweise vorgeht. Hierin unterscheidet sich die heutige Quantentheorie grundsätzlich von allen früheren Theorien der Physik: Zeitlicher Verlauf einer Wahrscheinlichkeits-Konfiguration für mögliche Beobachtungen statt Modellbeschreibung dessen, was in Raum und Zeit ist beziehungsweise vorgeht. Ferner ist an der modernen Quantentheorie neu, daß fast alle ihre Aussagen grundsätzlich statistischen Charakter tragen. In diesen Punkten unterscheidet sie sich in fundamentaler Weise nicht nur von der mechanistischen, sondern auch von der Feldtheorie.

Jeder muß zugeben, daß die neue theoretische Auffassung nicht übermütiger Phantasie, sondern einer durch die Erfahrungstatsachen gegebenen Notlage ihre Entstehung verdankt. Alle Versuche, die korpuskulären und undulatorischen Züge, die sich in den Phänomenen des Lichtes und der Materie manifestieren, direkt durch ein raum-zeitliches Modell darzustellen, sind bisher gescheitert. Auch hat Heisenberg überzeugend dargetan, daß vom empirischen Standpunkt aus die Konstatierung einer streng deterministischen Struktur des Naturgeschehens durch die molekulare Struktur unserer Beobachtungsmittel prinzipiell ausgeschlossen ist. Es ist deshalb wohl ausgeschlossen, daß künftige Erfahrungen die Physik dazu zwingen können, eine statistische theoretische Grundlage zugunsten eines deterministischen theoretischen Fundaments wieder zu verlassen. Es handelt sich in dieser Frage logisch betrachtet um zwei Möglichkeiten, zwischen denen wir im Prinzip wählen können. Diese Wahl wird schließlich danach getroffen werden, welche Art von Beschreibung die Aufstellung des logisch einfachsten theoretischen Fundamentes ermöglicht. Gegenwärtig besitzen wir überhaupt keine deterministische, beziehungsweise die Vorgänge direkt darstellende Theorie, die den Erfahrungen gerecht wird.

Einstweilen müssen wir zugeben, daß wir eine allgemeine theoretische Grundlage der Physik, die man als ihr logisches Fundament bezeichnen könnte, überhaupt nicht besitzen. Die Feldtheorie versagt einstweilen in der molekularen Sphäre. Andererseits steht aber auch die Quantentheorie vor Schwierigkeiten, die tief zu wurzeln scheinen. Alle sind nämlich darüber einig, daß in Strenge eine solche Formulierung der Quantentheorie allgemein zugrundegelegt werden darf, die eine Übertragung der Feldtheorie in das Schema der Quantenstatistik darstellt. Ob dies wirklich in befriedigender Weise gelingen wird, kann heute wohl niemand voraussehen.

Manche, darunter auch der Vortragende, können nicht glauben, daß wir auf eine unmittelbare Darstellung der physikalischen Realität in Raum und Zeit sollten endgültig verzichten müssen und daß das Geschehen in der Natur als nach dem Modell eines Würfelspiels aufgefaßt werden müsse. Die Richtung des Strebens steht jedem frei, und jeder darf Trost schöpfen aus Lessings schöner Bemerkung, nach welcher das Streben nach der Wahrheit köstlicher ist als deren gesicherter Besitz.

14
Elementare Ableitung der Äquivalenz von Masse und Energie (1946)

Die vorstehende Ableitung des Äquivalenzgesetzes, die bisher nicht publiziert ist, hat zwei Vorteile. Sie bedient sich zwar des speziellen Relativitätsprinzips, setzt aber die technisch-formalen Hilfsmittel der Theorie nicht voraus, sondern bedient sich nur dreier vorbekannter Gesetzmäßigkeiten:

1) des Satzes von der Erhaltung des Impulses (momentum),
2) des Ausdrucks für den Strahlungsdruck beziehungsweise für den Impuls (momentum) eines in bestimmter Richtung sich ausbreitenden Strahlungs-Komplexes,
3) Der wohlbekannte Ausdruck für die Aberration des Lichts (Einfluß der Bewegung der Erde auf den scheinbaren Ort der Fixsterne (Bradley).

Wir fassen nun folgendes System ins Auge. Bezüglich eines Koordinatensystems K_o anhand

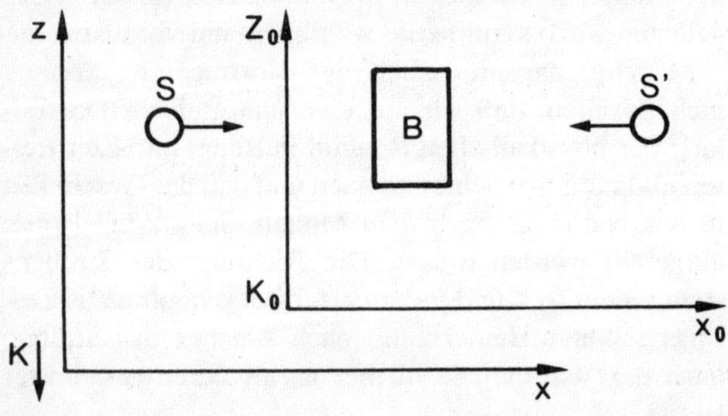

schwebe der Körper B frei im Raum. Zwei Strahlungskomplexe S, S′, je von der Energie $\frac{E}{2}$ breiten sich längs der positiven beziehungsweise negativen X_o aus und werden dann von B absorbiert. Bei der Absorption wächst die Energie von B um E. Der Körper B bleibt bei diesem Prozeß aus Symmetrie-Gründen in Ruhe.

Nun betrachten wir diesen selben Prozeß von einem

System K aus, welches sich gegenüber K_0 mit der konstanten Geschwindigkeit v in der negativen Z_0-Richtung bewegt. In bezug auf K ist dann die Beschreibung des Vorganges folgende

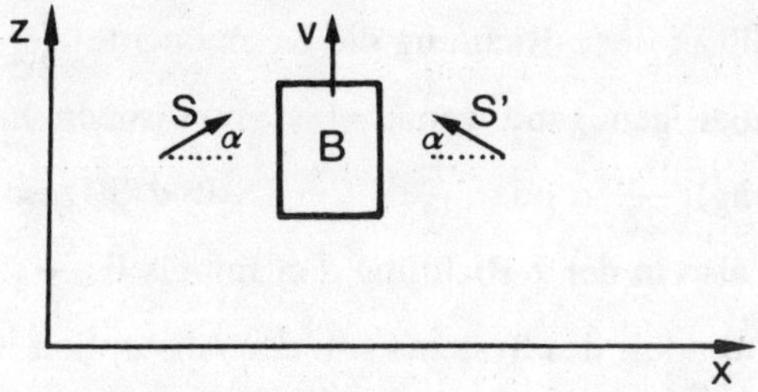

Der Körper B bewegt sich in der positiven z-Richtung mit der Geschwindigkeit v. Die beiden Lichtkomplexe haben in bezug auf K eine Fortpflanzungsrichtung, welche einen Winkel α mit der x-Achse bildet. Das Aberrationsgesetz besagt, daß in erster Näherung $\alpha = \frac{v}{c}$ ist, wobei c die Lichtgeschwindigkeit bedeutet. Aus der Betrachtung in bezug auf K_0 wissen wir, daß die Geschwindigkeit v von B durch die Absorption von S und S' keine Änderung erfährt.

Nun wenden wir auf den Prozeß in bezug auf K das Gesetz von der Erhaltung des Impulses in bezug auf die Richtung z des betrachteten Gesamtsystems an.

I. *Vor der Absorption* sei M die Masse von B; Mv ist dann der Ausdruck des Impulses von B (gemäß der klassischen Mechanik). Jeder der Strahlungskomplexe hat die Energie $\frac{E}{2}$ und deshalb gemäß einer wohlbekannten Folgerung aus Maxwells Theorie den Impuls

$$\frac{E}{2c}$$

Dies ist streng genommen zunächst der Impuls von S in bezug auf K_o. Wenn aber v klein ist gegen c, so muß der Impuls in bezug auf K bis auf die Größe von zweiter Ordnung ($\frac{v^2}{c^2}$ gegen 1) dieselbe sein. Von diesem Impuls fällt in die z-Richtung die Komponente $\frac{E}{2c}$ sin α sind aber genügend genau (bis auf Größen höherer Ordnung) $\frac{E}{2c}$ α oder $\frac{E}{2} \cdot \frac{v}{c^2}$. S und S′ zusammen haben also in der z-Richtung den Impuls E $\frac{c^2}{v}$. Der Gesamtimpuls des Systems von der Absorption ist also

$$Mv + \frac{E}{c^2} \cdot v$$

II. *Nach der Absorption* sei M′ die Masse von B. Wir antizipieren hier die Möglichkeit, daß die Masse bei der Aufnahme der Energie E eine Zunahme erfahren könnte (dies ist nötig, damit das Endresultat unserer Überlegung widerspruchsfrei sei). Der Impuls des Systems nach der Absorption ist dann

$$M'v.$$

Nun setzen wir den Satz von der Erhaltung des Impulses als richtig voraus und wenden ihn in bezug auf die z-Richtung an. Dies ergibt die Gleichung

$$Mv + \frac{E}{c^2} v = M'v$$

oder

$$M' - M = \frac{E}{c^2}$$

Diese Gleichung drückt den Satz der Äquivalenz von Energie und Masse aus. Der Energiezuwachs E ist mit dem Massenzuwachs $\frac{E}{c^2}$ verbunden. Da die Energie ihrer üblichen Definition gemäß eine additive Konstante freiläßt, so können wir nach der Wahl der letzteren stattdessen auch kürzer schreiben

$$E = Mc^2.$$

15
Das Gesetz von der Äquivalenz von Masse und Energie ($E = Mc^2$) (1946)

In der vor-relativistischen Physik gab es zwei voneinander unabhängige Erhaltungs- beziehungsweise Bilanzgesetze, die strenge Gültigkeit beanspruchten, nämlich
1) den Satz von der Erhaltung der Energie
2) den Satz von der Erhaltung der Masse.

Der Satz von der Erhaltung der Energie, der schon im 17. Jahrhundert von Leibniz in seiner vollen Allgemeinheit gültig vermutet wurde, entwickelte sich im 19. Jahrhundert wesentlich als Folge eines Satzes der Mechanik.

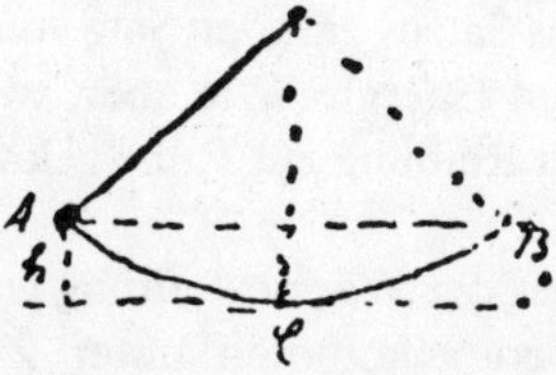

Zeichnung Einsteins aus seinem Manuskript

Man betrachte ein Pendel, dessen Masse zwischen den Punkten A und B hinundher schwingt. In A (und B) verschwindet die Geschwindigkeit v, und die Masse m steht um h höher als im tiefsten Punkte C der Bahn. In C ist diese Hubhöhe verloren gegangen; dafür aber hat die Masse hier eine Geschwindigkeit v. Es ist, wie wenn sich die Hubhöhe in Geschwindigkeit und umgekehrt die Geschwindigkeit in Hubhöhe restlos verwandeln könnten. Die exakte Beziehung

$$mgh = \frac{m}{2} v^2$$

wobei g die Beschleunigung der Erdschwere bedeutet. Das Interessante dabei ist, daß diese Beziehung unabhängig ist von der Länge des Pendels und überhaupt von der Form der Bahn, in welcher die Masse geführt wird. Interpretation: Es gibt etwas (nämlich die Energie), die während des Vorgangs erhalten bleibt. In A ist die Energie eine Energie der Lage oder »potentielle Energie« in C eine Energie der Bewegung oder »kinetische Energie«. Wenn diese Auffassung das Wesen der Sache richtig erfaßt, so muß die Summe

$$mgh + m \frac{v^2}{2}$$

auch für alle Zwischenlagen denselben Wert haben, wenn man mit h die Höhe über C und mit v die Geschwindigkeit in einem beliebigen Punkte der Bahn bezeichnet. Dies verhält sich in der Tat so. Die Verallgemeinerung dieses Satzes gibt den Satz von der Erhaltung der mechanischen Energie. Wie aber, wenn das Pendel schließlich durch Reibung zur Ruhe gekommen ist? Davon später.

Beim Studieren der Wärme-Leitung war man zu richtigen Ergebnissen gekommen unter Zugrundelegung der Annahme, daß die Wärme ein unzerstörbarer Stoff sei, der vom wärmeren zum kälteren Stoff fließt. Es schien einen »Satz von der Erhaltung der Wärme« zu geben. Andererseits aber waren seit undenklichen Zeiten Erfahrungen bekannt, nach denen durch Reibung

Wärme erzeugt wird (Feuerzeug der Indianer). Nachdem sich die Physiker lange dagegen gesträubt hatten, eine solche »Erzeugung« von Wärme zuzugeben, gelang es schließlich zu zeigen, daß zur Erzeugung einer Wärmemenge durch Reibung immer ein genau proportionaler Betrag von mechanischer Energie werden muß (»Äquivalenz von Arbeit und Wärme«). So zum Beispiel beim Pendel, dessen mechanische Energie durch Reibung allmählich in Wärme übergeht. Dadurch wurden die Sätze von der Erhaltung der mechanischen und der thermischen Energie in einen einzigen Satz verschmolzen. Hier angelangt, drängte sich den Physikern die Überzeugung auf, daß dies Erhaltungsgesetz auch auf die chemischen und elektromagnetischen Vorgänge auszudehnen sei, eine Vermutung, die sich bisher auf allen Gebieten mit Erfolg durchführen ließ: In einem von der Außenwelt abgeschlossenen physikalischen System gibt es eine Summe von Energien, welche bei allen auftretenden Veränderungen konstant bleibt.

Nun zum Satz von der Erhaltung der Masse. Die Masse ist definiert durch den Widerstand, den ein Körper seiner Beschleunigung entgegensetzt (träge Masse). Sie wird auch gemessen durch das Gewicht des Körpers (schwere Masse). Daß diese zwei so verschiedenen Definitionen zu derselben Maßzahl für die Masse eines Körpers führen, ist eine an sich höchst verwunderliche Tatsache, deren tiefere Bedeutung erst durch die allgemeine Relativitätstheorie aufgeklärt wurde. Der Satz lautet: Die Massen bleiben bei irgendwelchen physikalischen (und chemischen) Veränderungen ungeändert. Die Masse schien so die eigentlich wesentliche (weil invariante) Qualität der Materie zu sein. Bei Erwärmung, Schmelzen, Verdampfen, Auflösen, beim Eingehen chemischer Verbindungen ändert sich die Masse (beziehungsweise die Gesamtmasse) nicht.

Dieser Erhaltungssatz der Masse, dem die Physik bis vor einigen Jahrzehnten exakte Gültigkeit zugeschrieben hat, wurde durch die spezielle Relativitätstheorie als unzureichend erkannt. Er wurde durch diese Theorie mit dem Energieprinzip in einer ähnlichen Weise zu einer Einheit verschmolzen wie etwa 60 Jahre früher der Erhaltungssatz der mechanischen Energie und der der Erhaltung der Wärmemenge miteinander verschmolzen wurden.

Besser könnte man sagen: Der Satz der Erhaltung der Energie hat ehedem den der Erhaltung der Wärme und neuerdings den der Erhaltung der Masse geschluckt und hat so allein das Feld behauptet.

Den Satz von der Äquivalenz von Masse und Energie pflegt man (etwas ungenau) durch die Formel auszudrücken

$$E = mc^2$$

wobei c die Lichtgeschwindigkeit ($3 \cdot 10^{10} \frac{\text{cm}}{\text{sek}}$) bedeutet. Es ist die Energie, welche in einem (ruhenden) Körper steckt, m seine Masse. Die Energie, die zu der Masse m gehört, ist gleich dieser Masse, multipliziert mit dem Quadrat der ungeheuer großen Lichtgeschwindigkeit, also ein gewaltiger Betrag pro Masseneinheit.

Nun mag man erstaunt fragen: Wie kommt es denn, daß man von dieser ungeheuren Energie, die in jedem Gramm Materie steckt, bisher so gar nichts bemerkt hat? Die Antwort ist einfach: Solange von dieser Energie nichts nach außen weggegeben wird, kann man ihr ihre Energie-Natur nicht anmerken. Es ist wie bei einem enorm reichen Manne, der kein Geld ausgibt; wie soll man ihm seinen Reichtum anmerken?

Nun kann man auch die Beziehung umdrehen und sagen, daß mit einer Energiezunahme E eine Massenzunahme $\frac{E}{c^2}$ verbunden sein muß. Energie kann ich aber der Masse leicht zuführen, z. B. indem ich sie um 10 Grad erwärme. Warum also nicht die damit verbundene Massenzunahme (beziehungsweise Gewichtszunahme) messen? Das Böse an diesem Geschäft ist, daß in der Massenzunahme der ungeheure Faktor c^2 im Nenner auftritt. Dies bedeutet, daß die Massenzunahme in einem solchen Fall viel zu klein ist, um direkt, zum Beispiel mit Hilfe einer empfindlichen Waage, gemessen zu werden.

Damit also eine Massenzunahme sich in meßbarer Quantität zeigt, muß die Änderung der Energie pro Masseneinheit ungeheuer groß sein. Wir kennen nur ein einziges Erscheinungsgebiet, in welchem ungeheure Energiemengen pro Masseneinheit frei werden, nämlich beim radioaktiven Zerfall. Schematisch ist ein solcher Vorgang von folgender Art. Ein Atom von der Masse M spaltet sich in zwei Atome von der Masse M′ beziehungsweise M″, welche mit gewaltiger Energie auseinanderfahren. Denkt man sich diese zwei Massen zur Ruhe gebracht, d. h. entzieht man ihnen diese kinetische Energie, so sind sie zusammengenommen wesentlich energieärmer als das ursprüngliche Atom gewesen ist. Dies bewirkt nach dem Äquivalenz-Satz, daß auch die Massen-Summe $M' + M''$ der Zerfallsprodukte etwas kleiner sein muß als die ursprüngliche Masse M des radioaktiv zerfallenden Atoms (im Widerspruch mit dem alten Erhaltungssatz der Masse). Der relative Unterschied beider erreicht die Größenordnung eines Zehntelprozents.

Nun kann man zwar die Atome nicht einzeln wägen. Aber es gibt empfindliche, indirekte Methoden zur genauen Messung der Atomgewichte, auf die wir hier nicht näher einzugehen brauchen. Ebenso kann man durch indirekte Methoden die kinetischen Energien bestimmen, welche beim Zerfall auf die Zerfallprodukte

M′ und M″ übertragen werden. Es ist möglich gewesen, die Äquivalenz-Formel zu prüfen und zu bestätigen. Auch erlaubt das Gesetz, aus genau bestimmten Atomgewichten vorauszuberechnen, wieviel Energie bei einem ins Auge gefaßten Atomzerfall frei wird. Das Gesetz sagt aber natürlich nichts darüber aus, ob und wie eine ins Auge gefaßte Zerfallsreaktion herbeigeführt werden kann. Was bei dem radioaktiven Zerfall mit der Masse bzw. Energie des Atoms M geschieht, läßt sich an dem obenerwähnten reichen Manne so illustrieren: M ist ein reicher Geizhals, der zu seinen Lebzeiten überhaupt kein Geld (Energie) ausgibt. Im Falle seines Todes hinterläßt er alles seinen Söhnen M′ und M″, jedoch mit der Verpflichtung, einen ganz geringen Betrag, nämlich weniger als ein Promille, der Riesenerbschaft (Energie beziehungsweise Masse) an die Gemeinde abzugeben. Die Söhne haben dann zusammengenommen etwas weniger, als der Vater besessen hatte (die Massensumme M′ + M″ ist etwas kleiner als die Masse M des radioaktiven Atoms). Der prozentual so geringe Anteil, der an die Gemeinde abgeliefert wird, ist jedoch (in seiner Äußerungsform als kinetische Energie betrachtet) so ungeheuer groß, daß er das ganze Unheil mit sich bringt, das abzuwenden das dringendste Problem unserer Zeit geworden ist.

KRIEG ODER FRIEDE

16
Der Krieg ist gewonnen – nicht aber der Friede (1945)

Die Physiker sehen sich heute in eine Lage versetzt, die lebhaft an Alfred Nobels Dilemma erinnert. Alfred Nobel erfand einen Explosivstoff von bis dahin unerreichter destruktiver Gewalt. Um für seine »Leistung« zu büßen und sein Gewissen zu erleichtern, stiftete er seinen Friedenspreis.

Heute sind die Physiker, die die mächtigste Waffe der Welt bauen halfen, von ähnlichen Verantwortungs-, um nicht zu sagen, Schuldgefühlen geplagt.

Als Wissenschaftler müssen wir unaufhörlich vor der Gefahr dieser Waffe warnen. Unaufhörlich müssen wir den Völkern und insbesondere den Regierungen der Welt die unsagbare Katastrophe vor Augen führen, die sie heraufbeschwören würden, falls sie nicht ihr Verhältnis zueinander ändern und ihre Verantwortung für die Gestaltung der Zukunft erkennen.

Wir haben den Bau dieser neuen Waffe gefördert, um die Feinde der Menschheit daran zu hindern, daß sie uns zuvorkämen; bedenkt man die Mentalität der Nazis, so kann man sich die unbeschreibliche Zerstörung und die Versklavung der Welt vorstellen, die die Folge ihrer Priorität im Bau der Bombe gewesen wären. Diese Waffe wurde dem amerikanischen und britischen Volk als Treuhändern der ganzen Menschheit, als Kämpfern für Frieden und Freiheit übergeben.

Aber bisher ist weder der Friede noch irgendeine der in der Atlantik-Charta versprochenen Freiheiten gesichert. Der Krieg ist gewonnen – aber nicht der Friede. Die Großmächte, die im Krieg vereint waren, sind in den Fragen des Friedensschlusses uneinig geworden.

Man hat der Welt Freiheit von Angst versprochen. Aber die Angst unter den Nationen der Welt ist seit Kriegsende außerordentlich gestiegen.

Man hat der Welt Freiheit von Entbehrung versprochen. Aber in großen Teilen der Welt hungern Menschen, während anderswo Völker im Überfluß leben.

Man hat den Nationen der Welt Freiheit und Gerechtigkeit verbürgt. Aber gerade in diesen Tagen erleben wir das traurige Schauspiel, wie »Befreiungsheere« auf Menschen schießen, die politische Unabhängigkeit und soziale Gleichheit verlangen, und wie sie auf der anderen Seite jene Individuen und politischen Parteien stützen, die ihnen für die Verteidigung ihrer eigenen engen Sonderinteressen am geeignetsten erscheinen. Gebietsstreitigkeiten und Machtpolitik, so überholt sie auch als Methoden nationaler Politik erscheinen mögen, triumphieren immer noch über die höheren Gebote menschlicher Wohlfahrt und Gerechtigkeit.

Der Ausblick für unsere Nachkriegswelt ist nicht rosig. Wir Physiker sind keine Politiker. Nie haben wir daran gedacht, uns in politische Angelegenheiten einzumischen. Aber wir wissen einiges, was die Politiker nicht wissen, und betrachten es als unsere Pflicht, die Verantwortlichen daran zu erinnern, daß es keine bequeme Flucht in die Gleichgültigkeit gibt und daß die Zeit für kleine Finessen oder Auf-der-Stelle-Treten vorbei ist.

Die Welt erfordert kühne Taten und einen radikalen Wandel unserer Mentalität und politischen Konzeptionen. Möge der Geist, der Alfred Nobel erfüllte, der Geist des Glaubens und Vertrauens, der Großzügigkeit und Menschenbrüderschaft, all jene beherrschen, deren Entscheidungen unser Schicksal bestimmen. Sonst wird unsere Zivilisation dem Untergang geweiht sein.

17
Die Notwendigkeit einer Weltregierung (1946)

Das Gespräch mit drei Studenten Ihrer Universität hat einen starken Eindruck auf mich gemacht. Es zeigte mir, daß Verantwortungsgefühl und Initiative in der jungen Generation in diesem Lande am Werke sind. Diese Studenten sind sich klar darüber, daß in diesen paar Jahren das Schicksal der neuen Generation entschieden werden wird. Sie sind entschlossen, den Gang der Ereignisse im Rahmen ihrer Möglichkeiten zu beeinflussen.

Was ist die Situation? Die Entwicklung der Technik und die der Kriegsmittel hat so etwas wie eine Schrumpfung unseres Planeten mit sich gebracht. Wirtschaftliche Verflechtung macht die Schicksale der Völker in viel höherem Grade voneinander abhängig, als dies in früheren Zeiten der Fall war. Die verfügbaren Angriffswaffen sind von solcher Art, daß kein Ort auf der Erde gegen plötzliche totale Vernichtung gesichert ist.

Die einzige Hoffnung für Schutz liegt in der Sicherung des Friedens auf übernationalem Wege. Es muß eine Weltregierung geschaffen werden, welche Konflikte zwischen Nationen durch richterliche Entscheidung zu lösen imstande ist. Diese Entscheidungen müssen auf eine klare Verfassung gegründet werden, welche von den Regierungen und Völkern gebilligt ist, und welche allein über die Angriffswaffen zu verfügen hat. Nur dann kann eine Person oder eine Nation als pazifistisch angesehen werden, wenn sie bereit ist, ihre militärische Macht an die übernationale Behörde abzutreten und auf jeden Versuch und auf die Mittel zu verzichten, ihre Interessen gegenüber dem Ausland durch Anwendung von Gewalt durchzusetzen.

Es ist offenkundig, daß die Entwicklung der politischen Verhältnisse in dem Jahre, das seit Beendigung des zweiten Weltkrieges verflossen ist, uns der Erreichung dieses Zieles keineswegs nähergebracht hat. Die Organisation der Vereinten Nationen, so wie sie heute dasteht, hat weder militärische Macht noch die rechtliche Grundlage, einen Zustand der internationalen Sicherheit herbeizuführen.

Die reale Macht ist gegenwärtig in wenigen Händen. Es ist keine Übertreibung zu sagen, daß die Lösung des wirklichen Problems allein an eine großzügige Einigung zwischen diesem Lande und Rußland geknüpft ist. Denn wenn eine solche Einigung zustande gebracht würde, so wären diese beiden Mächte allein schon imstande, die übrigen Nationen zu veranlassen, auf ihre Souveränität soweit zu verzichten, als dies für die Erzielung militärischer Sicherung für alle Länder nötig ist.

Nun werden viele sagen, daß eine prinzipielle Einigung mit Rußland unter den gegenwärtigen Verhältnissen unmöglich sei. Eine solche Behauptung wäre dann gerechtfertigt, wenn Amerika in diesem Jahre einen sehr ernsthaften Versuch in dieser Richtung gemacht hätte.

Ich finde aber, daß das Gegenteil hiervon geschehen ist. Es war nicht ratsam, entgegen Rußlands Einsprüchen das faschistische Argentinien in die Vereinten Nationen aufzunehmen. Es wäre nicht nötig, unablässig neue Atombomben zu fabrizieren und 12 Milliarden in einem Jahre auf Rüstung zu verwenden, ohne daß eine militärische Bedrohung für die nächste Zukunft zu befürchten ist. Es war auch nicht vernünftig, Triest dem ehemaligen Bundesgenossen Jugoslawien zu verweigern, das diesen Hafen bitter nötig hat, während er für den ehemaligen Kriegsgegner Italien ohne wirtschaftliche Bedeutung ist. Es hat keinen Sinn, hier die Einzelheiten aufzuzählen, die alle zeigen, daß man nichts getan hat, um Rußlands Mißtrauen zu mildern, ein Mißtrauen, das durch die Ereignisse der letzten Jahrzehnte sehr wohl zu verstehen ist, und zu dessen Entstehung wir nicht wenig beigetragen haben.

Dauernder Friede kann nicht durch Drohungen, sondern nur durch den ehrlichen Versuch vorbereitet werden, gegenseitiges Vertrauen herzustellen. Man sollte glauben, daß der Wunsch, menschenwürdige Zustände auf diesem Planeten herbeizuführen und die Gefahr unsäglicher Vernichtungen zu vermeiden, die verantwortlichen Menschen in ihren Leidenschaften zähmen würde. Darauf dürfen Sie nicht warten, meine jungen Freunde. Möge es Ihnen gelingen, die junge Generation in diesem Sinne zu aktivieren, daß sie auf eine großzügige Friedenspolitik drängt. Dadurch können Sie nicht nur sich selbst wirksam verteidigen, sondern sich um Ihr Land und um die Zukunft Ihrer Nachkommen in solchem Maße verdient machen, wie es keiner früheren Generation beschieden gewesen ist.

18
Die Gefahr der militärischen Mentalität in Amerika (1947)

Das Entscheidende in der hier diskutierten Situation scheint mir darin zu liegen, daß das vorliegende Problem in seiner Isolierung nicht erörtert werden kann. Zunächst mag man fragen: Es ist heute so, daß die Institute für Lehre und Forschung in steigendem Maße aus Zuwendungen des Staates erhalten werden müssen, da private Mittel aus verschiedenen Gründen nicht ausreichen werden. Ist es an sich vernünftig, die durch Besteuerung für diesen Zweck aufgebrauchten Beträge durch das Militär verteilen zu lassen? Auf diese Frage wird gewiß jeder vernünftige Mensch mit »Nein« antworten. Denn es ist klar, daß die schwierige Aufgabe einer optimalen Verteilung in die Hände von Personen gelegt werden sollte, welche durch ihre Ausbildung und Lebensarbeit den Beweis geliefert haben, daß sie von Wissenschaft und Gelehrsamkeit etwas verstehen.

Wenn vernünftige Menschen trotzdem dafür eintreten, daß ein großer Teil der verfügbaren Mittel durch militärische Organe verteilt werden soll, so liegen die Gründe für diese Haltung darin, daß die kulturellen Interessen der politischen Gesamteinstellung untergeordnet werden. Auf diese politische Gesamteinstellung, ihren Ursprung und ihre Bedeutung müssen wir unsere Aufmerksamkeit lenken. Tun wir dies, so erkennen wir bald, daß das der Diskussion zugrundeliegende Problem nur eines von vielen ist und nur dann voll gewürdigt und richtig beurteilt werden kann, wenn es in einen weiteren Rahmen hineingestellt wird.

Die erwähnte Einstellung aber ist für Amerika etwas Neues. Sie liegt darin, daß unter dem Einfluß der beiden Weltkriege und der durch sie bedingten Konzentration aller Kräfte auf das militärische Ziel sich eine vorwiegend militärische Mentalität entwickelt hat, die durch den so vollständigen Sieg noch verstärkt worden ist. Diese Mentalität liegt darin, daß man die Bedeutung dessen, was Bertrand Russell so treffend als »naked power« bezeichnet, weit über alle anderen Faktoren stellt, welche für die Relationen zwischen Völkern maßgebend sind. Die Deutschen haben – insbesondere verführt durch die Erfolge Bismarcks – eine Wandlung zu einer solchen militärischen Mentalität erfahren, durch deren Folgen sie in weniger als hundert Jahren ruiniert wurden. Ich muß es offen bekennen, daß mich das außenpolitische Verhalten der Vereinigten Staaten seit Beendigung der Feindseligkeiten oft unwiderstehlich an das Verhalten des Wilhelminischen Deutschlands erinnert, und ich weiß, daß auch anderen, ganz unabhängig von mir, diese Analogie peinlich aufgefallen ist.

Charakteristisch für die militärische Einstellung ist es, daß sie in der Hauptsache nur außermenschliche Faktoren (Atombomben, strategische Stützpunkte, Waffen jeglicher Art, Besitz an Rohmaterialien) als wesentlich betrachtet, aber den Menschen, seine Wünsche und Gedanken, kurz den psychologischen Faktor, als unwichtig und untergeordnet betrachtet. Hierin ähnelt sie bis zu einem gewissen Grade dem Marxismus, wenigstens solange man dessen theoretische Seite allein ins Auge faßt. Der Mensch selbst aber sinkt zum bloßen Mittel herab (»Menschenmaterial«). Die normalen Ziele menschlichen Strebens verschwinden bei solcher Einstellung. Um diese Lücke auszufüllen, erhebt die militärische Mentalität die »naked power« selbst zum unabhängigen Ziel – eine der sonderbarsten Illusionen, denen Menschen zum Opfer fallen können.

Die militärische Mentalität ist in unserer Zeit noch gefährlicher als früher, weil sich die Angriffswaffen viel stärker entwickelt haben als die Verteidigungswaffen. Sie kann deshalb möglicherweise zum Preventivkriege führen. Die damit verbundene allgemeine Unsicherheit hat zur Folge, daß innerpolitisch die Rechte der Bürger dem vermeintlichen Staatswohl geopfert werden. Gesinnungs-Schnüffelei, Bevormundung jeder Art (z. B. Bevormundung des Lehrwesens, der Forschung, der Presse usw.) erscheinen unvermeidlich und finden deshalb nicht den Widerstand in der Bevölkerung, der bei Abwesenheit der militärischen Mentalität Schutz bieten würde. Eine Umwertung aller Werte findet allmählich statt, indem alles als minderwertig angesehen und behandelt wird, was nicht sichtbar dem utopischen Ziele dient.

Ich sehe keinen anderen Ausweg unter den heutigen Bedingungen als weitschauende, ehrliche und mutige Politik mit dem Ziele der Sicherheit auf übernationaler Grundlage. Wollen wir hoffen, daß sich genügend viele und starke Menschen finden, welche die Nation auf diesen Weg führen, solange ihr eine führende Rolle durch die äußeren Verhältnisse geboten ist. Dann wird es Probleme von der Art der hier diskutierten überhaupt nicht mehr geben.

19
Die Voraussetzungen der Völkerverständigung
(1947)

Ich danke Ihnen herzlich für die Anerkennung, die Sie durch Zuerkennung Ihres Preises meinen bescheidenen Bemühungen um eine große Sache haben zuteil werden lassen. Die Freude wird gedämpft durch das Bewußtsein der schweren und drohenden Situation, in der sich unsere zusammengeschrumpfte und zu einer engen Schicksalsgemeinschaft gewordene Menschenwelt gegenwärtig befindet. Jeder weiß es, aber nur wenige richten ihr Handeln danach ein. Die meisten leben entmutigt ihren Alltag und sehen halb erschreckt, halb gleichgültig auf die gespenstische Tragikomödie, die sich vor aller Augen und Ohren auf dem internationalen Theater abspielt. Auf dieser Bühne aber, auf der die Schauspieler im Lichte der Scheinwerfer die für sie vorausbestimmte Rolle zu spielen haben, wird über unser morgiges

Schicksal, über Tod und Leben der Völker entschieden.

Wenn es sich nicht um die alle gleichmäßig bedrohende Gefahr der Atombombe und anderer Mittel der Massenvernichtung handelte, also um Dinge, die der Mensch selber erzeugt, sondern etwa um eine alle Völker bedrohende Pestepidemie, so wäre es anders. Man würde gewissenhafte und sachkundige Menschen zusammenbringen, die einen vernünftigen Plan für die Bekämpfung der Seuche ausarbeiteten. Sie würden, nachdem sie sich über den richtigen Weg geeinigt haben, ihren Plan den Regierungen vorlegen. Diese würden wohl keine großen Schwierigkeiten machen und sich über die einzuführenden Maßregeln einigen. Es würde ihnen wohl kaum in den Sinn kommen, zu versuchen, es so einzurichten, daß die eigene Nation verschont bleibe, die andere durch Pest dezimiert werde.

Ist unsere Situation nicht der einer drohenden Pestepidemie ähnlich? Die Menschen vermögen diese Situation nicht in ihrem wahren Lichte zu sehen, weil ihr Blick durch Leidenschaften getrübt ist. Allgemeine Furcht und Angst erzeugt Haß und Aggressivität. Die Gewöhnung an kriegerische Zielsetzung und Tätigkeit hat die Denkweise der Menschen korrumpiert, so daß vernünftiges, objektives und humanes Denken kaum zur Wirkung kommt, ja sogar als unpatriotisch verdächtigt und verfolgt wird.

Zwar gibt es in den feindlichen Lagern genug Menschen von gesundem Urteil und Gerechtigkeitssinn, welche wohl fähig und bestrebt wären, eine Lösung für die tatsächlichen Schwierigkeiten in gemeinsamer Erwägung auszudenken. Diese Menschen sind aber dadurch an ihren Bestrebungen gehindert, daß man es ihnen unmöglich macht, zu unverbindlichen Besprechungen zusammen zu kommen. Ich denke da an Personen, die gewohnt sind, ein Problem objektiv anzugreifen und sich nicht durch übertriebenen Nationalismus oder durch sonstige Leidenschaften irre machen lassen. In dieser gewaltsamen Abschließung der Menschen beider Lager voneinander sehe ich eines der Haupthindernisse für das Zustandekommen einer akzeptablen Lösung des brennenden Problems der internationalen Sicherheit.

Solange der Kontakt zwischen beiden Lagern auf die offiziellen Verhandlungen beschränkt ist, scheint mir wenig Aussicht auf das Zustandekommen einer vernünftigen Einigung zu bestehen, zumal die Rücksichten auf das nationale und persönliche Prestige sowie das unvermeidliche Bestreben, zum Fenster hinaus auf die Massen zu wirken, einen vernünftigen Fortschritt so gut wie unmöglich machen. Was der eine vorschlägt, ist schon allein aus diesem Grunde für den andern verdächtig, ja geradezu unannehmbar. Außerdem steht hinter der offiziellen Verhandlung stets – wenn auch in vermummter Gestalt – die Drohung mit der nackten Gewalt.

Der offizielle Weg kann erst dann zum Erfolg führen, wenn der Boden durch unverbindliche Vorbereitung geebnet ist, so daß den Verhandlungen die Überzeugung von der Erreichbarkeit einer für alle Teile akzeptablen Lösung vorausgeht.

Ich glaube, daß die Journalisten bei der Verleihung ihres Preises an einen Wissenschaftler von ähnlichen Erwägungen wie den obigen geleitet waren. Möge es ihnen gelingen, dazu beizutragen, daß sich dieser Gesichtspunkt durchsetze.

20
Offener Brief an die Plenarversammlung der Vereinten Nationen (1947)

Die Bürger aller Länder, ihre Kinder und ihr Lebenswerk werden von der fürchterlichen Unsicherheit bedroht, die unsere Welt heute beherrscht. Der technologische Fortschritt hat die Stabilität und Wohlfahrt der Menschheit nicht erhöht. Infolge unserer Unfähigkeit, eine internationale Friedensorganisation zu schaffen, hat er sogar die Gefährdung des Friedens und der Existenz der Menschheit erhöht.

Die Delegierten der 55 Staaten, die jetzt zur zweiten Plenarversammlung der Vereinten Nationen zusammentreten, sind sich zweifellos der Tatsache bewußt, daß während der letzten beiden Jahre – seit dem Sieg über die Achsenmächte – kein wesentlicher Fortschritt erzielt worden ist. Das gilt sowohl für die Sicherung des Friedens im allgemeinen wie für konkrete Einzelprobleme – die Kontrolle der Atomenergie und die Zusammenarbeit beim Wiederaufbau der kriegsverwüsteten Gebiete.

Die Vereinten Nationen können für dieses Fiasko nicht verantwortlich gemacht werden. Keine internationale Organisation ist stärker als ihr verfassungsmäßiges Mandat oder der zielgebende Wille ihrer Einzelmitglieder. Selbstverständlich sind die Vereinten Nationen eine äußerst wichtige und nützliche Institution, solange sich die Völker und Regierungen darüber klar sind, daß sie nur eine Station auf dem Weg zum Endziel darstellen: der Schaffung einer übernationalen Behörde mit ausreichenden legislativen und exekutiven Vollmachten zur Wahrung des Friedens.

Gegenwärtig befinden wir uns in einer Sackgasse, weil es keine hinreichend mächtige und zuverlässige übernationale Autorität gibt. Darum müssen die verantwortlichen Spitzen aller Regierungen von der Voraussetzung ausgehen, daß ein Krieg unvermeidlich ist. Und jeder von dieser Annahme motivierte Schritt trägt zu der Atmosphäre der Furcht und des Mißtrauens bei und beschleunigt das Kommen der Katastrophe. Wie stark die Rüstungen der Nationen auch sein mögen: sie können weder die militärische Sicherheit der einzelnen Nationen noch den Frieden verbürgen.

Ohne die Beschränkung der traditionellen und nationalen Souveränität der einzelnen Länder wird es nie ein umfassendes Abkommen über die internationale Kontrolle und Verwaltung der Atomenergie oder über eine allgemeine Abrüstung geben. Denn solange Atomenergie und Rüstungen als wesentliche Teile der nationalen Sicherheit gelten, werden alle Nationen den internationalen Verträgen nur Lippenbekenntnisse zollen. Die Sicherheit ist unteilbar. Sie ist nur dann zu erreichen, wenn die notwendigen Gesetze und ihre Durchführung überall garantiert sein werden, so daß die militärische Sicherheit nicht mehr Sache der einzelnen Staaten ist. Es kann keinen Kompromiß zwischen der Vorbereitung für den Krieg und der Vorbereitung einer auf Gesetz und Ordnung gegründeten Weltgesellschaft geben.

Jeder Bürger muß sich entscheiden. Geht er von der Möglichkeit des Krieges aus, so muß er sich mit vielen Dingen abfinden: mit der Aufrechterhaltung von Truppen in strategisch wichtigen Gebieten wie Österreich und Korea, mit der Entsendung von Truppen nach Griechenland und Bulgarien, mit der auf jede erdenkliche Weise erzielten Ansammlung von Uranlagern wie mit der allgemeinen Militärdienstpflicht und dem fortschreitenden Abbau der Bürgerrechte. Vor allem aber muß er die Folgen der Militärgeheimnisse hinnehmen, eine der schlimmsten Geißeln unserer Zeit und eines der größten Hindernisse auf dem Weg des kulturellen Aufstiegs.

Wer dagegen erkennt, daß in unserem Atomzeitalter die planmäßige Entwicklung einer supranationalen Regierung die einzige Garantie der Sicherheit und des Friedens darstellt, wird nach besten Kräften für die Stärkung der Vereinten Nationen arbeiten. Keinem vernünftigen und verantwortungsbewußten Bürger der ganzen Welt sollte die Entscheidung schwerfallen.

Aber die Welt im Ganzen befindet sich in einem gefährlichen Labyrinth. Es fehlt den Mitgliedsstaaten der Vereinten Nationen an der nötigen Entschlußkraft. Die östlichen und westlichen Blöcke sind fieberhaft um die Stärkung ihrer eigenen Machtpositionen bemüht. Allgemeine Militärdienstpflicht, russische Truppen in Osteuropa, amerikanische Kontrolle über die pazifischen Inseln, Versteifung der Kolonialpolitik der Niederlande, Großbritanniens und Frankreichs, Atom- und Militärgeheimnisse: all das gehört zu dem alten Mächtespiel.

Es ist höchste Zeit für die Vereinten Nationen, ihre moralische Autorität durch kühne Entscheidungen zu festigen.

Erstens wären die Befugnisse der Plenarversammlung zu erweitern; ihr müßten sowohl der Sicherheitsrat als auch alle anderen Organe der Vereinten Nationen untergeordnet werden. Solange ein Kompetenzkonflikt zwischen der Plenarversammlung und dem Sicherheitsrat besteht, wird die Wirksamkeit der gesamten Organisation notwendigerweise beeinträchtigt sein.

Zweitens sollten die Methoden der Repräsentanz entscheidend geändert werden. Der gegenwärtige Weg der Ernennung der Delegierten durch die Regierungen gewährt ihnen keine wahre Handlungsfreiheit. Außerdem gibt er den Völkern der Welt nicht das Gefühl, auf faire und paritätische Weise vertreten zu sein. Der Weg der direkten Wahl der Delegierten durch die Völker der Mitgliedsstaaten würde die moralische Autorität der Vereinten Nationen beträchtlich erhöhen. Wären die Delegierten einer Wählerschaft verantwortlich, so hätten sie viel mehr Freiheit, dem Diktat ihres Gewissens zu folgen; wir könnten dann bei den Vereinten Nationen mehr Staatsmänner und weniger Diplomaten erwarten.

Drittens: Die Plenarversammlung sollte während dieser kritischen Übergangsperiode ununterbrochen tagen. Dadurch könnte die Versammlung zwei Hauptaufgaben erfüllen: Sie könnte die Initiative zur Schaffung einer übernationalen Ordnung ergreifen; und in Gefahrenzonen, wo der Friede akut bedroht ist (wie etwa gegenwärtig an der griechischen Grenze), könnte sie rasch und wirksam einschreiten.

Im Hinblick auf diese wichtigen Aufgaben sollte die Plenarversammlung nicht ihre eigenen Befugnisse an den Sicherheitsrat übertragen, zumal dieser durch den Hemmschuh der Vetobestimmungen gelähmt ist. Die Vereinten Nationen müssen – als einziges Organ, das einer kühnen und entschlossenen Initiative auf diesem Gebiet fähig ist – mit äußerster Beschleunigung die Fundamente einer wahren Weltregierung errichten und dadurch die für die internationale Sicherheit notwendigen Bedingungen schaffen.

Natürlich wird es dagegen starke Opposition geben. Aber es ist keineswegs sicher, daß die oft als Hauptgegner der Weltregierungsidee bezeichnete Sowjetunion auf ihre Opposition verharren würde, wenn ihr ein faires Programm für wirkliche Sicherheit in der Welt vorgelegt würde. Aber auch wenn Rußland gegenwärtig den Gedanken einer Weltregierung verwirft: In dem Augenblick, da die Idee einer Weltregierung in der Verwirklichung begriffen ist, mag die Sowjetunion ihre Haltung ändern. Vielleicht wird Rußland dann nur auf den notwendigen Garantien der Gleichheit vor dem Gesetz bestehen. Dadurch würde die jetzt bestehende Situation im Sicherheitsrat vermieden, in der Rußland sich ständig in der Minderheit befindet.

Dennoch muß man damit rechnen, daß Rußland und seine Verbündeten es als ratsam betrachten könnten, einer solchen Weltregierung fernzubleiben. In diesem und nur in diesem Falle – nach dem Scheitern aller noch so ehrlichen Versuche, die Mitwirkung Rußlands und seiner Verbündeten zu gewinnen – müßten die anderen Länder allein vorgehen. Diese nur partielle Weltregierung müßte aber auf alle Fälle sehr stark sein und mindestens zwei Drittel der großen Industrie- und Wirtschaftsgebiete der Welt umfassen. Eine solche Stärke würde es der partiellen Weltregierung erlauben, das Militärgeheimnis und alle anderen Maßnahmen, die von dem Mangel an Sicherheit bedingt werden, abzuschaffen.

Eine partielle Weltregierung sollte von vornherein bekanntmachen, daß die Tore für jeden Nichtmitgliedstaat – und ganz besonders Rußland – weit geöffnet bleiben, und zwar auf der Basis völliger Gleichberechtigung für alle. Nach meiner Meinung sollte eine partielle Weltregierung Beobachter der Nichtmitgliedstaaten bei allen Tagungen und Verhandlungen zulassen.

Um das Endziel – die *eine* Welt, anstelle zweier einander feindlich gegenüberstehender Welten – zu erreichen, dürfte eine partielle Weltregierung nie den Eindruck einer Allianz gegen die übrigen Teile der Welt erwecken. Der einzige, wirkliche Schritt zur Weltregierung ist – die Weltregierung.

In einer Weltregierung werden ideologische Unterschiede zwischen den einzelnen Mitgliedsstaaten keine große Rolle spielen. Die gegenwärtigen Schwierigkeiten zwischen den Vereinigten Staaten und der Sowjetunion sind, davon bin ich überzeugt, nicht in erster Linie auf ideologische Differenzen zurückzuführen. Natürlich tragen diese zu den bereits bestehenden Spannungen bei. Aber selbst wenn Rußland und die Vereinigten Staaten beide kapitalistisch (oder kommunistisch oder monarchisch) wären, so würden sich nach meiner Überzeugung Rivalitäten, Interessenkonflikte und Eifersüchteleien genauso wie heute zwischen den beiden Ländern ergeben.

Die Vereinten Nationen müssen jetzt – wie es später die Weltregierung tun wird – einem einzigen Ziel dienen: der Garantie der Sicherheit, des Friedens und der Wohlfahrt der ganzen Menschheit.

21
»Dr. Einsteins irrtümliche Ansichten« – Ein offener Brief von vier russischen Gelehrten (1947)

Der berühmte Physiker Albert Einstein wird nicht nur wegen seiner wissenschaftlichen Entdeckungen gefeiert; in neuerer Zeit hat er auch sozialen und politischen Problemen große Aufmerksamkeit geschenkt. Er spricht über den Rundfunk und schreibt in der Presse. Er ist mit einer Anzahl öffentlicher Organisationen verbunden. Immer wieder hat er seine Stimme gegen die Nazibarbaren erhoben. Er ist Befürworter eines dauerhaften Friedens und hat gegen einen drohenden neuen Krieg und gegen die Ambitionen der Militaristen geschrieben, die die amerikanische Wissenschaft völlig unter ihre Kontrolle bringen wollen.

Die Sowjetwissenschaftler und die Völker der Sowjetunion im allgemeinen schätzen den humanitären Geist, der diese Tätigkeiten des Gelehrten motiviert, obwohl seine Haltung nicht immer so konsequent und klar gewesen ist, wie man das hätte wünschen können. Aber einige Äußerungen Einsteins aus der neuesten Zeit enthalten Auffassungen, die uns nicht nur als irrig, sondern als schädlich für die Sache des Friedens erscheinen, die er so warm unterstützt.

Darauf hinzuweisen, betrachten wir als unsere Pflicht. Wir wollen die Frage klären helfen, wie man am wirksamsten für den Frieden arbeiten kann. Von diesem Gesichtspunkt aus muß die neuerdings von Dr. Einstein propagierte Idee einer »Weltregierung« betrachtet werden.

In der buntgewürfelten Gruppe der Anhänger dieser Idee finden sich – neben hundertprozentigen Imperialisten, die sie zur Tarnung für den Trend schrankenloser Expansion benützen – auch gewisse Intellektuelle in den kapitalistischen Ländern, die von dem plausiblen Klang der Sache eingefangen worden sind, ohne ihre tiefere Bedeutung zu verstehen. Diese pazifistisch und liberal gesinnten Intellektuellen glauben, in einer »Weltregierung« ein Allheilmittel gegen die Übelstände der Welt und einen Wachtposten für einen dauerhaften Frieden gefunden zu haben.

Die Anhänger einer »Weltregierung« machen ausgiebig Gebrauch von dem scheinbar radikalen Argument, daß in unserem Atomzeitalter die staatliche Souveränität ein Überbleibsel der Vergangenheit oder, wie der belgische Delegierte Spaak in der Plenarversammlung der UN sagte, eine »altmodische« und sogar »reaktionäre« Idee sei. Eine stärkere Abweichung von der Wahrheit ist kaum denkbar.

Vor allem sind die Ideen einer »Weltregierung« und eines »Superstaates« keineswegs Schöpfungen des Atomzeitalters. Sie sind viel älter; zum Beispiel wurden sie bereits bei der Gründung des Völkerbundes diskutiert.

Außerdem haben diese Ideen in neuerer Zeit keinen fortschrittlichen Charakter gehabt. Sie gehen darauf zurück, daß die kapitalistischen Monopole, die die wichtigsten Industrieländer beherrschen, ihre nationalen Grenzen als zu eng betrachten. Sie brauchen weltweite Märkte, weltweite Rohstoffquellen und weltweite kapitalistische Investitionen. Auf Grund ihrer Vorherrschaft in Politik und Verwaltung können die Monopolinteressen der Großmächte den Regierungsapparat ausnützen – sowohl in ihrem Kampf um Einfluß-Sphären als auch in ihren Bemühungen, andere Länder wirtschaftlich und politisch zu unterjochen und in diesen Staaten ebenso wie in ihren eigenen die Herrenrolle zu spielen.

Wir wissen das aus unseren eigenen Erfahrungen in unserem eigenen Lande. Unter dem Zarismus war Rußland, dessen reaktionäres Regime servil den Wünschen des Kapitals folgte, infolge seiner schlechtbezahlten Arbeitskräfte und reichen natürlichen Rohstoffe ein verlockender Leckerbissen für ausländische Kapitalisten. Französische, britische, belgische und deutsche Firmen mästeten sich an unserem Land gleich Raubvögeln und ernteten Profite, die in ihren eigenen Ländern für sie unerreichbar gewesen wären. Durch Erpresseranleihen verketteten sie das zaristische Rußland mit dem kapitalistischen Westen. Mit Hilfe von Geldern ausländischer Banken unterdrückte die zaristische Regierung die revolutionäre Bewegung auf brutale Weise; sie hemmte die Entfaltung der russischen Wissenschaft und Kultur und stachelte das Volk zu antijüdischen Pogromen auf.

Die große sozialistische Oktoberrevolution zerschlug die Ketten der wirtschaftlichen und politischen Abhängigkeit, die unser Land mit den kapitalistischen Monopolen der Welt verbanden. Die Sowjetregierung schuf in unserem Land zum ersten Mal einen wirklich freien und unabhängigen Staat und förderte den Aufstieg unserer sozialistischen Wirtschaft, Technologie, Wissenschaft und Kultur, der sich mit einem in der Geschichte noch nie dagewesenen Tempo vollzog. Sie verwandelte unser Land in ein zuverlässiges Bollwerk des internationalen Friedens und der Sicherheit. Unser Volk verteidigte die Unabhängigkeit des Landes im Bürgerkrieg, in der Abwehr der Intervention eines Blocks imperialistischer Staaten und in den großen Kämpfen des Kriegs gegen die Nazi-Eindringlinge.

Und nun verlangen die Anhänger eines »Weltsuperstaats« von uns die Aufgabe dieser Unabhängigkeit im Interesse einer »Weltregierung«, die nichts als ein glitzerndes Aushängeschild für die Weltsuprematie der kapitalistischen Monopole wäre.

Das ist ganz offensichtlich eine ungeheuerliche Zumutung an uns. Aber eine solche Forderung ist absurd, und zwar nicht nur im Hinblick auf die Sowjetunion. Nach dem Zweiten Weltkrieg gelang es einer Anzahl von Ländern, sich von dem imperialistischen System der Unterdrückung und Sklaverei zu lösen. Die Völker dieser Länder sind dabei, ihre wirtschaftliche und politische Unabhängigkeit zu festigen, und lehnen ausländische Eingriffe in ihre inneren Angelegenheiten ab. Außerdem hat das rasche Wachsen der nationalen Unabhängigkeitsbewegung in den Kolonien und Schutzgebieten das Nationalbewußtsein von Hunderten Millionen von Menschen erweckt, die nicht weiter im Status der Sklaverei bleiben wollen.

Die Monopole der imperialistischen Länder haben eine Anzahl profitabler Ausbeutungssphären verloren, und weitere Verluste drohen ihnen. So tun sie ihr Äußerstes, um die ihrer Herrschaft entronnenen Nationen der staatlichen Unabhängigkeit zu berauben, die die Monopole äußerst lästig finden, und um die wahre Befreiung der Kolonien zu verhindern. Um dieses Zieles willen suchen die Imperialisten ihre Zuflucht in den verschiedensten Methoden militärischer, politischer, wirtschaftlicher und ideologischer Kriegsführung.

Im Einklang mit diesem Programm bemühen sich die Ideologen des Imperialismus, selbst die Idee der nationalen Souveränität zu diskreditieren. Eine der von ihnen dazu benutzten Methoden besteht in der Werbung für prätentiöse »Weltstaats«-Pläne, die angeblich Imperialismus, Kriege und Feindseligkeiten beseitigen und den Sieg des universalen Rechts herbeiführen sollen.

Der räuberische Appetit der um Weltsuprematie ringenden imperialistischen Kräfte ist auf diese Weise unter dem Deckmantel einer pseudo-fortschrittlichen Idee verborgen, die gewisse Intellektuelle – Wissenschaftler, Schriftsteller und andere – in den kapitalistischen Ländern anzieht.

In einem von ihm im September an die Plenarversammlung der Vereinten Nationen gerichteten Offenen Brief hat Dr. Einstein einen neuen Plan zur Beschränkung der nationalen Souveränität vorgeschlagen. Danach soll die Plenarversammlung der Vereinten Nationen in ein permanent tagendes Weltparlament verwandelt werden, mit größeren Machtbefugnissen als sie jetzt der Sicherheitsrat besitzt, der nach Meinung Einsteins durch das Vetorecht lahmgelegt ist (die Wiederholung einer Behauptung, die von den Helfershelfern der amerikanischen Diplomatie Tag für Tag aufgestellt wird). Die Plenarversammlung sollte nach Dr. Einsteins Plan das Recht der endgültigen Entscheidung haben; das Prinzip der Einstimmigkeit der Großmächte sollte abgeschafft werden.

Für die Delegierten der Vereinten Nationen schlägt Einstein direkte Wahl durch die Völker, statt, wie bisher, Ernennung durch die Regierungen vor. Auf den ersten Blick mag diese Idee fortschrittlich und sogar radikal erscheinen. In Wirklichkeit würde dadurch die gegenwärtige Situation in keiner Weise verbessert. Stellen wir uns vor, wie solche Wahlen zu einem »Weltparlament« in der Praxis aussehen würden.

Ein großer Teil der Menschheit lebt immer noch in kolonialen und abhängigen Ländern, die von den Gouverneuren, den Truppen und den finanziellen und industriellen Monopolen einer Handvoll imperialistischer Mächte beherrscht werden. »Wahl durch das Volk« würde in solchen Ländern die Berufung der Delegierten durch die Kolonialverwaltung oder die Militärbehörden bedeuten; man braucht sich hier nur der Parodie eines Referendums in Griechenland zu entsinnen, das von den monarchistisch-faschistischen Herrschern unter dem Schutz britischer Bajonette durchgeführt wurde.

Aber die Dinge lägen nicht viel anders in Ländern, in denen formell das allgemeine Wahlrecht herrscht. In den vom Kapital gelenkten bourgeois-demokratischen Ländern benützt das Kapital alle erdenklichen Tricks und Künste, um das allgemeine Wahlrecht und die Abstimmungsfreiheit in eine Farce zu verwandeln. Einstein weiß sicher, daß bei den letzten Kongreßwahlen in den USA nur 39 Prozent der Wählerschaft abstimmten; er weiß sicher, daß Millionen von Negern in den Südstaaten entweder des Wahlrechts beraubt sind oder – nicht selten unter Lynchdrohungen – gezwungen werden, für ihre bittersten Feinde, etwa den Erzreaktionär und Negerhasser Senator Bilbo, zu stimmen.

Wahlsteuern, Sonderprüfungen und andere Mittel werden dazu benützt, Millionen von Immigranten, Wanderarbeitern und armen Farmern das Wahlrecht zu entziehen. Von der weitverbreiteten Sitte des Stimmenkaufs und der Rolle der reaktionären Presse, dem von Zeitungsmillionären beherrschten mächtigen Instrument der Massenbeeinflussung, wollen wir erst gar nicht reden.

All das zeigt, wie die von Einstein vorgeschlagenen direkten Wahlen zu einem Weltparlament unter den in der kapitalistischen Welt existierenden Bedingungen aussehen würden. Das resultierende Parlament wäre nicht besser als die gegenwärtige Plenarversammlung. Es wäre ein Zerrbild der wahren Ansichten der Massen, ihrer Sehnsüchte und Hoffnungen auf einen dauerhaften Frieden.

Bekanntlich verfügt die amerikanische Delegation in der Plenarversammlung und in den Komitees der Vereinten Nationen über eine regelrechte Abstimmungsmaschine; das kommt daher, daß die überwältigende Mehrheit der Mitglieder der Vereinten Nationen von den USA abhängt und sich den politischen Erfordernissen Washingtons anpassen muß. Zum Beispiel ist eine Anzahl lateinamerikanischer Länder, deren Landwirtschaft sich auf ein einziges Produkt spezialisiert, völlig den amerikanischen Monopolen ausgeliefert, die den Preis ihrer Waren festlegen. So ist es nicht verwunderlich, daß sich in der Plenarversammlung unter dem Druck der amerikanischen Delegation eine Majorität herausgebildet hat, die den Befehlen ihrer Herren folgt.

Es gibt Fälle, in denen die amerikanische Diplomatie es vorzieht, gewisse Maßnahmen nicht auf dem Weg über das amerikanische Außenministerium, sondern unter der Flagge der Vereinten Nationen durchzusetzen (man denke nur an das notorische Balkankomitee oder die Kommission zur Beobachtung der koreanischen Wahlen). Die amerikanische Delegation möchte aus den Vereinten Nationen einen Arm des Außenministeriums machen. Zu diesem Zweck schlägt man die Schaffung einer »Kleinen Versammlung« vor, die in Wirklichkeit den Sicherheitsrat ersetzen würde, in dem das

Prinzip der Einstimmigkeit der Großmächte die Verwirklichung imperialistischer Pläne verhindert.

Einsteins Vorschlag würde nicht zum dauerhaften Frieden und zur internationalen Zusammenarbeit führen. Er würde als Tarnungsmittel für eine Offensive gegen jene Nationen dienen, deren Regierungen den herkömmlichen Wuchergewinnen des ausländischen Kapitals ein Ende gesetzt haben; er würde die ungezügelte Expansion des amerikanischen Imperialismus erleichtern und die ideologische Entwaffnung jener Nationen ermöglichen, die ihre Unabhängigkeit bewahren wollen.

Eine Ironie des Schicksals hat Einstein zum Befürworter der Pläne und Ambitionen der bittersten Feinde des Friedens und der internationalen Zusammenarbeit gemacht. In seinem Offenen Brief erklärt er bereits im voraus: Falls die Sowjetunion den Eintritt in seine exzentrische Organisation ablehne, hätten andere Nationen das Recht, ohne Rußland vorzugehen, nur müsse die Türe für eine eventuelle Beteiligung Rußlands als Mitglied oder »Beobachter« offen gehalten werden.

Im Grunde unterscheidet sich dieser Vorschlag sehr wenig von den Ideen der offenen Wortführer des amerikanischen Imperialismus, wie weit Einstein von ihnen auch entfernt sein mag. Die Quintessenz dieser Ideen ist: Lassen sich die Vereinten Nationen nicht in ein Instrument der amerikanischen Politik, in eine tarnende Hülle für imperialistische Ränke und Absichten verwandeln, so müssen sie vernichtet und durch eine »internationale« Organisation unter Ausschluß der Sowjetunion und der neuen Demokratien ersetzt werden.

Begreift Einstein nicht, wie verhängnisvoll solche Pläne für die internationale Sicherheit und Zusammenarbeit wären?

Wir glauben, daß Einstein einen falschen und gefährlichen Weg eingeschlagen hat; er jagt nach der Chimäre eines »Weltstaats« in einer Welt, in der verschiedene soziale, politische und wirtschaftliche Systeme bestehen. Natürlich gibt es keinen Grund, warum Staaten mit unterschiedlichen sozialen und wirtschaftlichen Strukturen nicht wirtschaftlich und politisch zusammenarbeiten sollten – vorausgesetzt, daß man diese Unterschiede nüchtern ins Auge faßt. Aber Einstein geht einer politischen Marotte nach und spielt dadurch nur den geschworenen Feinden der internationalen Zusammenarbeit und eines dauerhaften Friedens in die Hände. Der von ihm den Mitgliedstaaten der Vereinten Nationen nahegelegte Kurs würde nicht zur internationalen Sicherheit, sondern zu neuen internationalen Schwierigkeiten führen. Nutznießer wären einzig die kapitalistischen Monopole, die in neuen internationalen Krisen die Verheißung neuer Rüstungsverträge und neuer Profite sehen.

Gerade weil wir Einstein, dem hervorragenden Wissenschaftler und dem gemeinsinnigen Menschen, der sein Bestes für die Förderung des Friedens tun will, so hohe Achtung entgegenbringen, gerade deshalb sehen wir es als unsere Pflicht an, mit äußerster Offenheit und ohne diplomatische Verbrämungen zu sprechen.

22
Einsteins Antwort an die Sowjet-Gelehrten (1948)

Vier meiner eminenten russischen Kollegen haben in »The New York Times« in Form eines Offenen Briefes eine benevolente Anklageschrift gegen meine Person veröffentlicht. Ich bin ihnen dankbar dafür, daß sie sich dieser Mühe unterzogen haben; noch mehr dafür, daß sie sich so offen und rückhaltslos geäußert haben. Denn vernünftiges Handeln in der menschlichen Sphäre ist nur möglich, wenn man die Gedanken, Motive und Befürchtungen des andern zu verstehen sucht, so daß man sich in seine Lage zu versetzen weiß. Und jeder Wohlmeinende muß nach seinen schwachen Kräften dazu beizutragen suchen, daß dies gegenseitige Verstehen gefördert wird. In diesem Sinne bitte ich meine russischen Kollegen und die sonstigen Leser, die folgende Antwort aufzufassen. Es ist die Antwort eines Menschen, der nach einem gangbaren Ausweg sucht, ohne sich der Illusion hinzugeben, daß er »der Wahrheit« oder »des richtigen Weges« sicher sei. Wenn ich im folgenden meine Ansicht einigermaßen dogmatisch ausdrücke, so geschieht es nur der Kürze und der leichteren Übersicht halber.

Obwohl der Brief in der Hauptsache die Form eines violenten Angriffes gegen das nichtsozialistische Ausland hat, insbesondere gegen die Vereinigten Staaten, scheint mir hinter der aggressiven Form eine defensive seelische Einstellung evident, ein Hang zu einem fast uneingeschränkten Isolationismus. Wenn man sich vor Augen hält, was Rußland insbesondere in den letzten drei Dezennien vom Ausland erfahren und erlitten hat – die deutschen Invasionen mit planmäßigem Massenmord an der Zivilbevölkerung, die Interventionen im Bürgerkrieg, den systematischen Verleumdungsfeldzug in der westlichen Presse, die Stützung von Hitler als vermeintliches Werkzeug zur Bekämpfung Rußlands –, so kann man diese Flucht in den Isolationismus sehr wohl begreifen. Ja, begreiflich ist es, aber darum nicht minder verhängnisvoll für Rußland sowohl, als auch für alle andern Nationen. Davon später.

Der hauptsächliche Gegenstand Eurer Anklage gegen mich bezieht sich auf mein Eintreten für »World Government«. Auf diesen wichtigsten Punkt kann ich aber erst eingehen, wenn ich etwas gesagt habe über den Gegensatz von Sozialismus und Kapitalismus; denn Eure Ansicht über die Bedeutung dieses Gegensatzes scheint Eure Einstellung zu dem internationalen Problem völlig zu beherrschen. Wenn man das sozial-ökonomische Problem leidenschaftslos betrachtet, so stellt es sich so dar: Die technische Entwicklung hat in steigendem Maße die Zentralisierung des ökonomischen Mechanismus mit sich gebracht. Dieser Umstand hat es auch mit sich gebracht, daß die ökonomische Macht in allen weitgehend industrialisierten Ländern notwendig in den Händen einer verhältnismäßig geringen Zahl von Personen ist. Diese Personen sind in den kapitalistischen Staaten der Allgemeinheit keine Rechenschaft schuldig, wohl aber in den sozialistischen Staaten, in welchen sie Beamte sind wie diejenigen, in deren Hände die politische Macht gelegt ist.

Ich glaube wie Ihr, daß die sozialistische Wirtschaft Vorteile hat, welche ihre Nachteile entschieden überwiegen, wenn die Leitung wenigstens einigermaßen den an sie zu stellenden Anforderungen entspricht. Es wird gewiß der Tag kommen, an dem alle Nationen (vorausgesetzt, daß sie überhaupt noch existieren) der russischen dafür dankbar sein werden, daß sie die praktische Möglichkeit einer im Sinne des Sozialismus geplanten Wirtschaft zuerst, und zwar unter äußerst schwierigen Umständen, durch kraftvolle Realisierung bewiesen hat. Ich glaube auch, daß die kapitalistische Wirtschaft (das System des »free enterprise«) sich als unfähig erweisen wird, die durch technologischen Fortschritt in steigendem Maße sich einstellende chronische Arbeitslosigkeit zu überwinden und ein gesundes Gleichgewicht zwischen der Produktion und der Kaufkraft des Volkes herbeizuführen.

Andererseits aber sollte man sich davor hüten, den Kapitalismus als die Quelle aller sozialen und politischen Übel hinzustellen und zu glauben, daß der Sozialismus durch dessen bloße Etablierung alle sozialen und politischen Schäden der Menschheit zu heilen vermöge. Die Gefahr eines solchen Glaubens liegt zunächst nämlich darin, daß er die Gläubigen zu fanatischer Intoleranz antreibt, indem er aus einer nützlichen sozialen Methode eine Art Kirche macht, welche alle Außenstehenden als Ketzer oder gar als böswillige Missetäter hinstellt. Ist man so weit gekommen, dann geht jedes Verständnis für die Überzeugungen und Handlungen dieser Ungläubigen verloren. Ihr wißt ja aus der Geschichte, welche Summe überflüssiger Leiden solch starrer Glaube über die Menschheit gebracht hat.

Eine Regierung ist an sich insofern überhaupt ein Übel, als sie die Tendenz in sich trägt, in Tyrannei auszuarten. Jeder – außer einem Häuflein übrig gebliebener Anarchisten – ist jedoch davon überzeugt, daß ohne Regierung eine zivilisierte Gesellschaft überhaupt nicht möglich ist. In einer gesunden Nation gibt es eine Art dynamisches Gleichgewicht zwischen Volkswillen und Regierungsmacht, welche eine Degeneration der Regierung in Tyrannei verhindert. Es ist klar, daß die Gefahr solcher Degeneration in einem Staate größer ist, in welchem die Regierung nicht nur über die bewaffnete Macht, sondern auch über alle Mittel der Erziehung und Aufklärung sowie über die wirtschaftliche Existenz jedes einzelnen verfügt. Ich sage dies nur, um anzudeuten, daß der Sozialismus an sich noch nicht als Lösung der sozialen Probleme angesehen werden kann, sondern nur als ein Rahmen für deren Lösung.

Was mich an dem in Eurem Schreiben vertretenen allgemeinen Standpunkte am meisten wunderte, ist dies: Ihr seid so leidenschaftliche Gegner einer anarchischen Volkswirtschaft und ebenso leidenschaftliche Vertreter der Anarchie auf dem Felde der internationalen Politik.

Der Vorschlag, die Souveränität der einzelnen Staaten einzuschränken, erscheint Euch als an sich verwerflich, als ein Verstoß gegen das natürliche Recht. Außerdem versucht Ihr zu zeigen, daß hinter der Idee einer Einschränkung der Souveränität die Absicht der USA stehe, auf unblutigem Wege die übrige Welt auf ökonomischer Basis zu beherrschen und auszubeuten. Ihr sucht diese Idee dadurch zu begründen, daß Ihr die einzelnen Maßnahmen der amerikanischen Regierung seit dem Ende des letzten Krieges in Eurer Weise analysiert. Ihr sucht zu zeigen, daß die Plenarversammlung der Vereinten Nationen eine Art Puppenspiel sei, das unter der Kontrolle der Vereinigten Staaten und damit unter der Kontrolle der amerikanischen Kapitalisten stehe.

Derartige Argumentationen wirken auf mich wie Mythologie; sie haben keine Überzeugungskraft. Wohl aber zeigen sie, zu einer wie weitgehenden gegenseitigen Entfremdung die bedauerliche künstliche Maßregel des gegenseitigen Abschlusses der Intellektuellen unserer beiden Länder bereits geführt hat. Wenn ein freier persönlicher Gedankenaustausch ermöglicht und gefördert würde, so könnten gerade die Intellektuellen das Ihre dazu beitragen, eine Atmosphäre des gegenseitigen Verstehens beider Nationen und ihrer Probleme herbeizuführen, welche eine notwendige Grundlage für das Zustandekommen fruchtbarer politischer Kooperation bildet. Da wir nun aber einstweilen auf den schwerfälligen Weg der »Offenen Briefe« beschränkt sind, so sei hier kurz angedeutet, wie ich auf diese Argumente reagiere.

Niemand wird bestreiten, daß der Einfluß der ökonomischen Oligarchie auf alle Zweige des hiesigen öffentlichen Lebens ein mächtiger ist. Man soll ihn aber auch nicht überschätzen. Franklin D. Roosevelt ist entgegen dem verzweifelten Widerstand dieser Mächte zum Präsidenten gewählt und dreimal wiedergewählt worden, und zwar in einer Zeit folgenschwerer Entscheidungen.

Was nun die Aktionen der amerikanischen Regierung seit Kriegsende anlangt, so bin ich weder willens, noch fähig oder befugt, sie zu rechtfertigen oder zu begründen. Eines aber, denke ich, ist nicht zu leugnen. Diese Handlungen stellen einen ernsthaften Versuch dar, die internationalen Schwierigkeiten auf konstruktivem Wege zu lösen. Waren die Vorschläge nicht annehmbar, so hätten sie doch als Verhandlungsbasis für eine wirkliche Lösung des Problems der internationalen Sicherheit dienen können. Das zum Teil rein negative, zum Teil dilatorische Verhalten der russischen Regierung ist es, was den wohlmeinenden Menschen in diesem Lande das Leben sauer macht und ihren Stand gegenüber den »warmongers« so sehr erschwert. Was nun den Einfluß der Vereinigten Staaten auf die Plenarversammlung der Vereinten Nationen anlangt, so ist er nach meiner Ansicht nicht allein auf die ökonomische und militärische Macht der Vereinigten Staaten zurückzuführen, sondern auch auf das Bestreben, eine konstruktive Lösung der Schwierigkeiten zu finden.

Was nun das umstrittene Vetorecht anlangt, so glaube ich, daß das Bestreben, es abzuschaffen oder unschädlich zu machen, weniger auf das Betreiben der Vereinigten Staaten zurückzuführen ist als auf die russische Politik, beziehungsweise die Art, wie dieselbe von diesem Rechte Gebrauch gemacht hat. Wenn die russische Regierung das Ziel gehabt hätte, das Vetorecht zu beseitigen, hätte sie sich nicht anders zu verhalten brauchen, als sie es tatsächlich getan hat.

Nun zu der These, daß die Politik der Vereinigten Staaten die ökonomische Beherrschung und Ausbeutung der übrigen Nationen zum Ziele habe. Über Ziele etwas Zuverlässiges zu sagen, ist ein prekäres Unternehmen. Laßt uns lieber auf die objektiven Faktoren sehen. Die USA ist in der an sich günstigen Lage, alle wichtigeren Industrieprodukte und Nahrungsmittel in hinreichender Menge im eigenen Land zu erzeugen. Sie hat auch in ihrem eigenen Land sozusagen alle wichtigeren Rohmaterialien. Durch das zähe Festhalten an dem System des »free enterprise« kann sie es aber nicht erreichen, daß die Kaufkraft der Bevölkerung Schritt hält mit der Produktionskapazität des Landes. Damit hängt auch die ständige Gefahr zusammen, daß die Arbeitslosigkeit bedrohliche Dimensionen annimmt.

Durch diese Faktoren sieht sich das Land zum Exportieren gezwungen, da es unter den obwaltenden Umständen sonst seine Produktionsmaschinerie nicht voll in Gang halten könnte. Das wäre nun nicht von Übel, wenn dieser Export durch einen etwa gleichwertigen Import kompensiert würde. Ausbeutung des Auslandes würde dann darin bestehen, daß der Arbeitswert des Importes den des Exportes erheblich überwöge. Dies wird aber mit aller Gewalt zu vermeiden gesucht, weil fast jeder Import einen Teil der eigenen Produktionsmaschinerie lahmlegen würde. So kommt es, daß das Ausland nicht in der Lage ist, die exportierbaren Waren zu bezahlen, was doch nur durch Import von Waren für die Dauer möglich wäre. Darauf ist es zurückzuführen, daß der größte Teil des Goldes nach USA geflossen ist. Nun gibt es aber für dieses Gold in der Hauptsache kaum eine andere Verwendung als zum Einkauf fremder Waren, was aber aus den angegebenen Gründen nicht in Frage kommt. Also liegt es da, dieses Gold, sorgsam gegen Diebstahl bewacht, ein Ehrendenkmal der Staatsweisheit und der ökonomischen Wissenschaft. Aus den angedeuteten Gründen kann ich die Behauptung der von den Vereinigten Staaten drohenden Ausbeutung der übrigen Welt nicht so ernst nehmen.

Die geschilderte Sachlage hat aber doch ihre vom Standpunkt der Politik ernste Seite. Die Vereinigten Staaten sehen sich aus den angegebenen Gründen genötigt, einen Teil ihres Arbeitsertrages an das Ausland abzugeben, der Form nach auf Grund von Anleihen, welche sie ausländischen Staaten gewähren. Anleihen, von denen man nicht sieht, wie sie zurückgezahlt werden könnten. In Wahrheit sind es aber Geschenke, die als Mittel im politischen Machtkampf verwendbar sind. So wie die Verhältnisse und die Menschen beschaffen sind, bedeutet dies allerdings eine Gefahr. Sind wir aber nicht in eine Entwicklung der internationalen Angelegenheiten hineingeraten, in der jede Errungenschaft des Geistes und jedes materielle Gut zu einer Waffe und damit zu einer Gefahr für die Menschheit wird?

Diese Frage führt uns zu der wichtigsten Angelegenheit, neben welcher alles andere als unerheblich zurücktritt. Wir alle wissen, daß der Machtkampf früher oder später notwendig zum Kriege führt. Und dieser bedeutet unter den heutigen Umständen eine Massenvernichtung von Menschen und Dingen, wie sie sich in der Geschichte auch nicht annähernd je zugetragen hat. Sollten wir wirklich auf Grund unserer Leidenschaften und überkommenen Gewohnheiten dazu verdammt sein, uns gegenseitig zugrunde zu richten, so daß nichts übrig bleibt, was der Erhaltung wert wäre? Sind nicht alle die Streitpunkte und Meinungsdifferenzen, welche wir in unserem sonderbaren Briefwechsel gestreift haben, bedeutungslose Kleinigkeiten, wenn man sie mit der Gefahr vergleicht, in der wir alle schweben? Müssen wir nicht alles daran setzen, diese alle Nationen gemeinsam bedrohende Gefahr zu bannen?

Wenn wir an der nicht eingeschränkten Souveränität der Staaten festhalten, so bedeutet dies nichts anderes, als daß jeder Staat sich das Recht vorbehält, seine Ziele auf kriegerischem Wege zu verfolgen. Jede Nation muß dann für diese Eventualität bereit sein; das heißt sie muß mit allen Kräften danach streben, stärker zu sein als jeder andere. Das bloße Ziel wird unser ganzes öffentliches Leben mehr und mehr beherrschen und unsere Jugend vergiften, lange bevor es zur Katastrophe kommt. Dies dürfen wir nicht zulassen, solange noch ein Funke ruhiger Vernunft und Menschlichkeit in uns lebt.

Dies allein habe ich im Sinne, wenn ich für »World Government« eintrete, ohne Rücksicht darauf, was andere im Sinne haben mögen, wenn sie für dasselbe Ziel wirken. Ich trete für »World Government« ein, weil ich überzeugt bin, daß es keinen anderen Weg gibt, die furchtbarste Gefahr zu bannen, in der die Menschen je geschwebt haben. Das Ziel, totale Vernichtung zu vermeiden, muß jedem anderen Ziel vorangestellt werden.

Ich weiß, daß Ihr von dem Ernst und der Ehrlichkeit überzeugt seid, die mich beim Schreiben dieser Antwort erfüllen, und ich kann Euch nur bitten, sie mit der gleichen Gesinnung aufzunehmen.

23
Die Gefahr der Aufrüstung (1948)

Die große Ehre, die Sie mir erwiesen haben, hat mich tief bewegt. Im Lauf meines langen Lebens wurde mir von meinen Mitmenschen viel mehr Anerkennung zuteil als ich es verdient hätte, und ich muß bekennen, daß bei solchen Gelegenheiten eine gewisse Regung von Scham immer das Gefühl der Freude überwogen hat.

Alle, die für den Frieden und den Triumph von Recht und Vernunft arbeiten, müssen zu ihrem Schmerz erkennen, wie schwach die Logik und der gute Wille in der politischen Welt von heute sind. Aber wie dem auch sei, und was das Schicksal uns auch bringen möge: Ohne den unermüdlichen Kampf jener, die die Wohlfahrt der gesamten Menschheit im Auge haben, wäre das Los der Welt noch schlimmer, als es heute ist.

In dieser Zeit schicksalsschwerer Entscheidungen müssen wir unseren Mitbürgern vor allem eine Tatsache einprägen: Sobald der Glaube an die Allmacht physischer Gewalt das Leben einer Nation beherrscht, emanzipiert sich diese Kraft, wird zum Selbstzweck und wird mächtiger als jene Männer, die sie als Werkzeug benützen wollen. Militarisierung bedeutet nicht nur unmittelbare Kriegsdrohung, sondern auch langsame, stetige Unterhöhlung des demokratischen Geistes und der Menschenwürde in unserem Lande. Es stimmt nicht, wenn gesagt wird, auswärtige Ereignisse zwängen uns zur Rüstung; diese Unwahrheit müssen wir mit aller Kraft bekämpfen. In Wirklichkeit ruft unsere eigene Aufrüstung in anderen Ländern jene Situation hervor, mit der die Anhänger unserer Rüstung ihr Programm zu begründen suchen.

Es gibt nur einen Weg zum Frieden und zur Sicherheit: die übernationale Organisation. Rüstung einzelner Nationen kann nur die allgemeine Unsicherheit und Verwirrung steigern, ohne wirksamen Schutz zu bieten.

24
Bietet weitere Aufrüstung eine Gewähr für Frieden? (1950)

Ich bin Ihnen dankbar dafür, Mrs. Roosevelt, daß Sie mir Gelegenheit geben, meine Überzeugung in dieser wichtigsten politischen Frage auszusprechen:

Der Glaube, man könne Sicherheit durch nationale Bewaffnung erlangen, ist beim gegenwärtigen Stand der militärischen Technik eine verhängnisvolle Illusion. Auf der Seite der Vereinigten Staaten wurde diese Illusion noch besonders begünstigt durch einen zweiten Irrglauben, der darauf beruhte, daß es in diesem Land zuerst gelang, eine Atombombe herzustellen. Man neigte daher zum Glauben, daß es für die Dauer möglich sei, eine entscheidende militärische Überlegenheit zu erreichen. Auf diesem Weg glaubte man, jeden potentiellen Gegner abschrecken zu können und dadurch uns selbst und der übrigen Menschheit die von allen so sehnlich gewünschte Sicherheit zu bringen. Die Maxime, der wir in den letzten fünf Jahren vertrauten, lautet: Sicherheit durch überlegene Macht, was sie auch kosten möge.

Die Folge dieser mechanistischen, technisch-militärischen und psychologischen Einstellung konnte nicht ausbleiben. Jede außenpolitische Handlung wird beherrscht durch den einzigen Gesichtspunkt: Wie müssen wir handeln, um im Kriegsfalle dem Gegner möglichst überlegen zu sein? Errichtung von militärischen Stützpunkten an allen erreichbaren, strategisch wichtigen Punkten der Erde, Bewaffnung und wirtschaftliche Stärkung von potentiellen Bundesgenossen. Im Innern Konzentration ungeheurer finanzieller Macht in den Händen des Militärs, Militarisierung der Jugend, Überwachung der Loyalität der Bürger und besonders der Beamten durch eine immer mächtiger werdende Polizei, Einschüchterung der politisch unabhängig Denkenden, Beeinflussung der Mentalität der Bevölkerung durch Radio, Presse und Schule, Knebelung wachsender Gebiete der öffentlichen Informationsmittel durch das militärisch bedingte Geheimnis.

Weitere Folgen: Das ursprünglich nur als Vorbeugung gedachte Wettrüsten zwischen den Vereinigten Staaten und Rußland nimmt einen hysterischen Charakter an. Auf beiden Seiten werden die Mittel der Massenvernichtung mit fieberhafter Eile betrieben – hinter der Mauer des Geheimnisses.

Die Wasserstoffbombe erscheint am Horizont der Öffentlichkeit als ein wahrscheinlich erreichbares Ziel. Ihre beschleunigte Entwicklung wird vom Präsidenten feierlich proklamiert. Ist sie erfolgreich, so bringt sie radioaktive Verseuchung der Atmosphäre und damit die Vernichtung alles Lebendigen auf der Erde in den Bereich des technisch Möglichen. Das Gespenstische dieser Entwicklung liegt in ihrer scheinbaren Zwangsläufigkeit. Jeder Schritt erscheint als unvermeidliche Folge des vorangehenden. Als Ende winkt immer deutlicher die allgemeine Vernichtung.

Ist überhaupt ein Weg zur Rettung denkbar unter den obwaltenden, von den Menschen selbst geschaffenen Umständen? Wir alle und im besonderen die für das Verhalten Amerikas und Rußlands verantwortlichen Personen müssen einsehen lernen, daß sie zwar einen äußeren Feind bezwungen haben, daß sie aber nicht fähig waren, sich von der durch den Krieg geschaffenen Mentalität zu befreien. Man kann nicht zu einem wirklichen Frieden gelangen, wenn man seine Handlungsweise nach der Möglichkeit eines künftigen Konfliktes einrichtet – besonders da immer klarer wird, daß ein solcher kriegerischer Konflikt allgemeine Vernichtung bedeuten würde. Der leitende Gedanke allen politischen Handelns müßte deshalb sein: Was können wir tun, um ein friedliches, im Rahmen des Möglichen befriedigendes Zusammenleben der Nationen herbeizuführen?

Erstes Problem ist die Beseitigung der gegenseitigen Furcht und des gegenseitigen Mißtrauens. Feierlicher Verzicht auf gegenseitige Gewaltanwendung (nicht nur Verzicht auf Verwendung von Mitteln der Massenvernichtung) ist zweifellos nötig. Solcher Verzicht kann aber nur dann wirksam sein, wenn er mit der Einführung einer übernationalen richterlichen und exekutiven Instanz verbunden ist, der die Entscheidung über die mit der Sicherheit der Nationen unmittelbar verknüpften Probleme übertragen wird. Schon eine Erklärung der Nationen, an der Realisierung einer solchen »beschränkten Weltregierung« loyal mitzuarbeiten, würde die drohende Kriegsgefahr bedeutend herabsetzen.

Letzten Endes beruht jedes friedliche Zusammenleben der Menschen in erster Linie auf gegenseitigem Vertrauen und erst in zweiter Linie auf Institutionen wie Gericht und Polizei; dies gilt ebenso für Nationen wie für Individuen. Das Vertrauen aber gründet sich auf eine loyale Beziehung des »Nehmens und Gebens«.

Wie verhält es sich aber mit der internationalen Kontrolle? Nun, sie mag als polizeiliche Maßregel sekundär nützlich sein. Man wird aber gut daran tun, ihre Wichtigkeit nicht zu überschätzen. Ein Vergleich mit der »Prohibition« stimmt nachdenklich.

25
Meine Beteiligung an der Erzeugung der Atombombe (1952)

Meine Beteiligung an der Erzeugung der Atombombe bestand in einer einzigen Handlung: Ich unterzeichnete einen Brief an Präsident Roosevelt, in dem die Notwendigkeit betont wurde, Experimente im Großen anzustellen zur Untersuchung der Möglichkeit der Herstellung einer Atombombe.

Ich war mir der furchtbaren Gefahr wohl bewußt, welche das Gelingen dieses Unternehmens für die Menschheit bedeutete. Aber die Wahrscheinlichkeit, daß die Deutschen am selben Problem mit Aussicht auf

Erfolg arbeiten dürften, hat mich zu diesem Schritt gezwungen. Es blieb mir nichts anderes übrig, *obwohl ich stets ein überzeugter Pazifist gewesen bin.* Töten im Kriege ist nach meiner Auffassung um nichts besser als gewöhnlicher Mord.

Solange aber die Nationen nicht dazu entschlossen sind, durch gemeinsame Aktion den Krieg abzuschaffen und durch friedliche Entscheidungen auf gesetzlicher Basis ihre Konflikte zu lösen und ihre Interessen zu schützen, werden sie sich genötigt sehen, sich auf den Krieg vorzubereiten. Sie sehen sich dann genötigt, alle, auch die verabscheuungswürdigsten Kampfmittel vorzubereiten, um im allgemeinen Wettrüsten nicht überflügelt zu werden. Dieser Weg führt mit Notwendigkeit zum Kriege, der unter den heutigen Verhältnissen allgemeine Vernichtung bedeutet.

Unter diesen Umständen hat die Bekämpfung der *Mittel* keine Aussicht auf Erfolg. Nur die radikale Abschaffung der Kriege und der Kriegsgefahr kann helfen. Dafür soll man arbeiten und dazu entschlossen sein, sich nicht zu Handlungen zwingen zu lassen, die diesem Ziel zuwiderlaufen. Dies ist eine harte Forderung an das Individuum, das sich seiner sozialen Abhängigkeit bewußt ist. Aber es ist keine unerfüllbare Forderung.

Gandhi, der größte politische Genius unserer Zeit, hat den Weg gewiesen und gezeigt, welcher Opfer Menschen fähig sind, wenn sie den richtigen Weg erkannt haben. Sein Befreiungswerk für Indien ist ein lebendiges Zeugnis dafür, daß der von fester Überzeugung beherrschte Wille stärker ist als scheinbar unüberwindliche materielle Macht.

MENSCHENRECHTE UND FREIHEIT

26
Über die Prinzipien der individuellen Freiheit (1934)

Ihr Artikel »Was Europe a Success?« muß auf nachdenkliche Menschen großen Eindruck machen. Das europäische Menschheits-Ideal scheint in der Tat unlösbar verknüpft mit freier Meinungsäußerung, einem gewissen Maß von freier Willensbestimmung des Individuums, Streben nach Objektivität des Denkens ohne Rücksicht auf bloße Zweckmäßigkeit und Begünstigung der geistigen und geschmacklichen Differenzierung.

Ich denke mit Ihnen, daß diese Forderungen und Ideale das Wesen des europäischen Geistes ausmachen. Nichts läßt sich darüber mit Vernunft beweisen, wie hoch diese Güter und Maximen zu schätzen seien; denn hier handelt es sich um Grundprinzipien der Einstellung zum Leben, um Ausgangspunkte, die man nur aus dem Gefühl bejahen oder verneinen kann. Ich weiß von ihnen nur, daß ich sie mit ganzer Seele bejahe und daß es mir unerträglich wäre, einer Gemeinschaft anzugehören, die sie systematisch verneint.

Ich teile nicht den Pessimismus derer, die glauben, daß die hohe Geistes-Entwicklung nur auf der Grundlage offener oder verdeckter Sklaverei möglich sei. Vielleicht mag dies zutreffen für Zeiten so primitiver technischer Entwicklung, daß die Produktion der lebensnotwendigen Güter die körperliche Arbeit einer Mehrheit der Bevölkerung bis zur völligen Ermüdung und Erschlaffung zur Voraussetzung hat. In unserer Zeit hoher technischer Entwicklung bleibt für das Individuum bei einigermaßen gleichmäßiger Verteilung der Arbeit und des Volkseinkommens sowie bei hinreichenden Lebensbedingungen für die Gesamtheit für den einzelnen soviel Zeit und Kraft übrig, daß jeder empfangend und produktiv an den feinsten intellektuellen und künstlerischen Bestrebungen teilnehmen könnte. Ein solcher Zustand existiert leider noch nicht annähernd in unserer Gesellschaft; jeder aber, der den spezifisch europäischen Idealen zugetan ist, wird nach besten Kräften dazu beitragen, daß dies Ziel erreicht werde, von dessen Wünschbarkeit und sachlicher Realisierbarkeit eine stets wachsende Zahl gutgesinnter denkender Menschen überzeugt ist.

Sie fragen, ob es berechtigt sei, beim Streben nach einer Verbesserung der wirtschaftlichen Organisation die Prinzipien der individuellen Freiheit dem hohen Ziele zuliebe zeitweise außer Kraft zu setzen. Ein feiner und kluger russischer Gelehrter hat mir gegenüber einen derartigen Standpunkt sehr geschickt vertreten, indem er die Erfolge des (wenigstens ursprünglich) mit Zwang und Terror arbeitenden russischen Kommunismus den Mißerfolgen der deutschen Sozialdemokratie in der Nachkriegszeit gegenüberstellte. Er überzeugte mich nicht. Es gibt kein so hohes Ziel, daß in meinen Augen seine Verwirklichung durch unwürdige Methoden gerechtfertigt wäre. Gewalt mag manchmal Hindernisse rasch aus dem Wege geräumt haben; als schöpferisch aber hat sie sich niemals erwiesen.

27
Meinungsfreiheit und Lehrfreiheit (1936)

Wir sind hier zusammengekommen, um die durch die Verfassung der Vereinigten Staaten geschützte Freiheit der Meinungsäußerung und die Freiheit der Lehre zu verteidigen, beziehungsweise die geistigen Arbeiter auf die schwere Gefahr aufmerksam zu machen, welche diese Freiheit bedroht.

Wie ist dies möglich? Warum ist die Gefahr bedrohlicher als in früheren Zeiten? Die Zentralisierung der Produktion hat eine Konzentration des Produktions-Kapitals in den Händen einer verhältnismäßig kleinen Schicht der Bürger des Landes mit sich gebracht. Diese Schicht beherrscht zum überwiegenden Teile die Bildungsstätten der Jugend sowie die großen Zeitungen des Landes und übt auch einen gewaltigen Einfluß auf die Regierungen aus.

Dieser Umstand bedeutet für sich allein schon eine Bedrohung der geistigen Freiheit der Nation. Es kommt aber noch der Umstand hinzu, daß dieser ökonomische Prozeß der Konzentration ein vorher unbekanntes Problem, das der permanenten Arbeitslosigkeit eines Teiles der arbeitsfähigen Bevölkerung, mit sich gebracht hat. Die Zentralregierung sucht dieses Problem zu lösen durch systematische Kontrollierung des ökonomischen Prozesses, d. h. durch Beschränkung der Auswirkung des sogenannten freien Spieles der ökonomischen Grundkräfte, Angebot und Nachfrage. Verhältnisse sind stärker als Menschen. Die bisher praktisch völlig autonome und niemandem verantwortliche wirtschaftlich herrschende Schicht setzt sich gegen die durch das Volkswohl gebotene Beschränkung ihrer Aktionsfreiheit zur Wehr unter Benutzung aller ihr zu Gebote stehenden legalen Mittel.

Daher ist es nicht zu verwundern, daß sie ihren beherrschenden Einfluß auf Schule und Presse rücksichtslos verwendet, um eine Aufklärung der Jugend über das Wesen dieses Problems zu verhindern, das für die friedliche und gesunde Fortentwicklung des Lebens in diesem Lande so vital ist.

Damit hängt es zusammen, daß wir es in der letzten Zeit wiederholt erleben mußten, daß verdiente Universitätslehrer gegen den Willen der Professorenschaft aus ihren Stellen verdrängt wurden, ohne daß durch die Presse die öffentliche Meinung in hinreichendem Maße in Bewegung gesetzt wurde. Auf den Druck der ökonomisch herrschenden Schicht ist auch die traurige Institution des Lehrer-Eides zurückzuführen, der als Instrument zur Beschränkung der Lehrfreiheit zu dienen bestimmt ist.

Ich brauche nicht besonders zu versichern, daß Freiheit der Lehre und der Meinungsäußerung in Buch und Presse das Fundament jeder gesunden geistigen Entwicklung eines Volkes ist. Die Geschichte, auch das allerletzte Kapitel derselben, spricht eine nur zu deutliche Sprache. Es ist unabweisbare Pflicht jedes Menschen, sich für die Erhaltung und Erweiterung dieser Freiheiten mit aller Energie einzusetzen und dahin zu wirken, daß das Bewußtsein der bestehenden Bedrohung in der Öffentlichkeit lebendig werde.

Wenn auch eine wirkliche Lösung der Schwierigkeiten erst durch eine Lösung der großen ökonomischen Probleme in demokratischem Sinne möglich ist, so kann und muß doch durch Aufklärung der Öffentlichkeit der Boden für die Lösung vorbereitet werden. Auch ist dies vorläufig das einzige Mittel, die schlimmsten Schäden zu verhindern.

Also seien wir alle energisch, wachsam und unermüdlich, damit nicht später auch von der intellektuellen

Schicht dieses Landes gesagt werde: Sie waren des von den Vätern erkämpften Besitzes unwürdig und unterwarfen sich kampflos und feige.

28
Über die Notwendigkeit einer Organisation aller Intellektuellen (1944)

Ich halte es für wichtig, sogar für dringend notwendig, daß sich die intellektuellen Arbeiter zusammenschließen, sowohl zur Verteidigung ihrer eigenen wirtschaftlichen Interessen als auch zur Sicherung politischen Einflusses allgemeiner Art.

In bezug auf die erstgenannte wirtschaftliche Seite können uns die Arbeiter zum Vorbilde dienen, die es fertiggebracht haben, ihre wirtschaftlichen Interessen wenigstens einigermaßen zu verteidigen. Wir können auch von den Arbeitern lernen, wie dieses Problem organisatorisch gelöst werden kann. Wir lernen auch von Ihnen, daß die größte Gefahr, die man zu vermeiden suchen muß, Schwächung durch Spaltung ist. Denn wenn es einmal zur Spaltung gekommen ist, dann ist ein Zusammenwirken schwierig und gegenseitige Bekämpfung der Einzelorganisationen unvermeidlich.

Wir können aber auch von den Arbeitern lernen, daß Beschränkung auf unmittelbar wirtschaftliche Ziele unter Ausschluß politischer Zielsetzung und Wirksamkeit nicht genügt. In dieser Beziehung fangen die Arbeiter in diesem Lande eben erst an, sich zu entwickeln. Mit der fortschreitenden Zentralisierung aller Produktion ist es unvermeidlich, daß der wirtschaftliche und der politische Kampf immer enger miteinander verflochten werden, wobei der politische Faktor immer mehr an Bedeutung gewinnt. Einstweilen ist es so, daß die geistigen

Arbeiter infolge ihres Organisationsmangels gegen Willkür und Ausbeutung weniger geschützt sind als irgendeine andere Berufsklasse.

Der Zusammenschluß der geistigen Arbeiter ist aber nicht nur in deren eigenem wirtschaftlichen Interesse von Bedeutung, sondern nicht weniger im Interesse der Gesamtheit. Denn die Zersplitterung der Intellektuellen ist zum Teil schuld daran, daß die im Schoße dieser Klasse vorhandenen Kräfte und Erfahrungen bisher für die politischen Ziele so wenig nutzbar gemacht worden sind, so daß Gewinnsucht und politischer Ehrgeiz fast ausschließlich das Geschehen bestimmen, und nicht Sachkenntnis und auf objektives Denken gegründetes Urteil.

Den größten Wert für die Allgemeinheit kann eine Organisation der geistigen Arbeiter dadurch erlangen, daß sie durch Schule und Publizistik aufklärend auf die öffentliche Meinung einwirkt. Sie ist dazu berufen, die Lehrfreiheit zu verteidigen, ohne welche eine gesunde Entwicklung in einem demokratischen Lande unmöglich ist.

Eine besonders wichtige Aufgabe einer Organisation der geistigen Arbeiter ist es im gegenwärtigen Zeitpunkte, für die Errichtung einer übernationalen politischen Macht zum Schutze gegen neue Angriffskriege zu kämpfen. Es scheint mir, daß die Ausarbeitung, beziehungsweise Auswahl eines besonderen Planes für eine übernationale Regierung im gegenwärtigen Augenblick nicht unser hauptsächlichstes Ziel sein sollte; denn wenn ein fester Wille für die Errichtung einer solchen übernationalen Sicherung bei der Majorität der Bürger vorhanden wäre, würde die technische Ausgestaltung der Institution kein allzu schwieriges Problem sein. Was bei der Majorität fehlt, ist die auf klares Denken gegründete Überzeugung, daß es für die Dauer kein anderes Mittel gibt, Katastrophen wie der gegenwärtigen vorzubeugen. In der Organisation und Förderung der Aufklärung in dieser Frage sehe ich den wichtigsten Dienst, den eine Organisation der geistigen Arbeiter in diesem historischen Augenblick der Allgemeinheit leisten kann. Nur durch energische Inangriffnahme einer solchen Aufgabe kann eine derartige Organisation wie die hier geplante innere Kraft und äußeren Einfluß erlangen.

29
Gleiches Recht für alle! (1946)

Dies Wort kommt von einem, der kaum über 10 Jahre unter Euch in Amerika lebt, und ist eine ernstgemeinte Mahnung: »Er ist kein 100prozentiger Amerikaner. Warum erlaubt er sich, das Wort zu nehmen in Sachen, die uns allein angehen und die ein Neuankömmling nicht anrühren soll?« So höre ich manchen Leser denken. Ich denke aber, ein derartiger Standpunkt ist nicht berechtigt. Wer in einer bestimmten Umgebung aufgewachsen ist und immer von Jugend auf in ihr gelebt hat, nimmt vieles aus alter Gewohnheit als selbstverständlich hin. Wer in reiferen Jahren ins Land kommt, hat ein scharfes Auge für alles Besondere und Charakteristische; er soll frei aussprechen, was er sieht und fühlt, denn durch solches Verhalten kann er sich vielleicht nützlich erweisen.

Was den Neuankömmling bald an dieses Land fesselt, ist ein demokratischer Zug in den Menschen. Ich denke hier nicht so sehr an die demokratische politische Verfassung des Landes, so hoch diese auch zu würdigen ist; ich denke hauptsächlich an die Beziehung und das Verhalten der Menschen untereinander. Jeder fühlt seinen Wert als Person und wird als Person respektiert. Keiner demütigt sich vor einem Menschen oder einem Stande. Dies lebt so sehr im Volke, daß sogar die starken, ökonomischen Machtfaktoren, die Verschiedenheiten des Besitzes und die damit verbundene Macht einzelner an dem gesunden Selbstvertrauen sowie der als selbstverständlich empfundenen Respektierung der Würde des Nebenmenschen nicht zu rütteln vermögen.

Es gibt aber einen düsteren Punkt in der sozialen Einstellung des Amerikaners. Sein starkes Gefühl für Gleichberechtigung und Menschenwürde ist in der Hauptsache beschränkt auf Menschen weißer Hautfarbe. Wenn es auch unter diesen noch Vorurteile gibt, die mir als einem Juden klar zum Bewußtsein kommen, so sind diese doch unerheblich gegenüber der unmenschlichen Haltung, welche die »Weißen« gegenüber ihren Mitbürgern dunklerer Farbe, speziell gegenüber den Negern, einnehmen. Je mehr ich mich als Amerikaner fühle, desto mehr schmerzt, ja bedrückt mich dieser Zustand, und ich kann einem Gefühl der Mitschuld nur dadurch entgehen, daß ich es ehrlich ausspreche.

Mancher ehrliche Mann wird mir entgegnen: Unser Verhalten gegenüber den Negern ist das Ergebnis der ungünstigen Erfahrungen, welche unser Volk im Zusammenleben mit den Negern gemacht hat. Er ist uns nicht ebenbürtig in Intelligenz, Verantwortungsgefühl, Zuverlässigkeit. Ich bin fest davon überzeugt, daß ein Mensch, der so denkt, einer verhängnisvollen Täuschung unterliegt. Versuchen wir doch lieber, diese psychologische Situation an ihren historischen Wurzeln zu erfassen! Diese schwarzen Leute sind von Euren früheren Generationen mit Gewalt aus ihrer Heimat geschleppt und, in dem Streben der Weißen nach Reichtum und bequemerem Leben, schonungslos ausgebeutet und unterdrückt worden. Der Neger wurde zum Sklaven degradiert und als solcher verachtet. Gegen diese Gier nach Besitz und Bequemlichkeit haben selbst die Lehren des Christentums nichts ausrichten können. Das Vorurteil aber war bedingt durch den Wunsch, diesen unwürdigen Zustand aufrechtzuerhalten und durch fadenscheinige Argumente zu unterstützen.

Diese Überzeugung läßt sich leicht aus der Geschichte begründen. Die alten Griechen hatten Sklaven, die keine Neger waren, sondern Weiße, die sie in ihren Kriegen erbeuteten. Von Differenzen der Rasse konnte keine Rede sein. Und doch hat Aristoteles, einer der großen griechischen Denker, dessen Streben nach Ehrlichkeit wir wohl kaum bezweifeln können, diese Sklaven als minderwertige Geschöpfe erklärt, die mit Recht ihrer Freiheit beraubt worden waren und dann unterdrückt wurden. Dieser Mann war eben im Banne eines traditionellen Vorurteiles, von dem er sich trotz seines außergewöhnlichen Intellektes nicht losmachen konnte.

Was wir an Meinungen, Werturteilen und Gefühlen als Kinder unbewußt von unserer Umgebung aufnehmen, macht einen großen Teil unseres Wesens aus. Es ist mit anderen Worten die Tradition, die uns neben den ererbten Anlagen und Qualitäten zu dem macht, was wir sind. Wir überlegen nur selten, wie verhältnismäßig gering gegenüber dem mächtigen Einfluß der Tradition der Einfluß unseres bewußten Überlegens auf unsere Lebensführung und unsere Überzeugungen ist. Ohne diese mächtige und vom Kinde unbewußt übernommene Tradition hätten wir uns wohl kaum über die geistige und sittliche Stufe des Tieres erheben können. Es wäre also töricht, ja unvernünftig, die Tradition zu verachten. Aber mit steigendem Selbstbewußtsein und steigender Intelligenz muß eine Kontrolle und ein kritisches Verhalten gegenüber der Tradition einsetzen, wenn die menschlichen Verhältnisse sich zum Bessern ändern sollen. Wir müssen zu erkennen suchen, was an der überkommenen Tradition dem Glücke und der Würde schädlich ist, und wir müssen versuchen, uns im Leben demgemäß zu verhalten, wenn es auch oft schwer ist.

Ich glaube, daß jeder, der sich ehrlich nachdenkend bemüht, bald erkennen wird, wie unwürdig und auch verhängnisvoll das traditionelle Vorurteil gegen die Neger ist. Glaubt jemand, daß aus einer minderwertigen Menschenklasse die wunderbaren Lieder hervorquellen können, die wohl die feinste Blüte der Kunst in Amerika bilden? Wenn aber jemand die sozialen Eigenschaften der Neger in Frage zu stellen geneigt ist, so möge er erwägen, welche Folgen viele Generationen brutaler Unterdrückung auf das soziale Verhalten und die gefühlsmäßigen Reaktionen einer Menschenklasse haben müssen. Ich für meinen Teil bin überrascht über die Gutherzigkeit und Geduld, mit der sie ihr hartes Schicksal erträgt.

Man soll auch überlegen, welche politischen Kräfte der Nation es sind, die bewußt an der Aufrechterhaltung des beklagenswerten Vorurteils arbeiten. Ich will nur sagen, daß es nach meiner Ansicht nicht diejenigen sind, welche sich um die Besserung des Loses der Mehrzahl des Volkes bemühen.

Was aber kann der Wohlmeinende tun, um das tief eingewurzelte Übel zu bekämpfen? Er muß den Mut haben, durch sein Wort und durch sein Beispiel zu wirken und darüber zu wachen, daß seine Kinder nicht im Sinne des Vorurteils beeinflußt werden. Ich glaube nicht, daß es einen Weg gibt, auf dem das tief eingewurzelte Übel rasch geheilt werden kann. Aber bis es soweit ist, gibt es keine schönere Befriedigung für einen gerechten und wohlwollenden Menschen als das Bewußtsein, seine besten Kräfte in den Dienst der guten Sache gestellt zu haben.

30
Botschaft an den Weltkongreß der Intellektuellen (1948)

Wir haben allen Grund, den polnischen und französischen Gelehrten dafür dankbar zu sein, daß sie diesen Kongreß zusammengerufen haben. Sie taten es in der Absicht, den Einfluß besonnener Menschen in den Dienst zu stellen für das Streben nach Frieden und Sicherheit. Es ist das alte Problem, das zuerst Plato so stark beschäftigt hat: Vernunft anstelle des Waltens atavistischer Instinkte und Leidenschaften. Für die Griechen schien rationales Denken allein zu genügen, um einen befriedigenderen Zustand aller menschlichen Verhältnisse herbeizuführen. Wir haben es aber schmerzlich erleben müssen, daß rationales Denken allein die Probleme des sozialen Lebens keineswegs zu lösen vermag. Die Früchte scharfsinniger Forschungs- und Denkarbeit sind den Menschen oft zum Verhängnis geworden. Diese Forschungsarbeit hat Erfindungen zur Folge gehabt, welche zwar einerseits die Menschen weitgehend befreit hat von harter körperlicher Arbeit, andererseits aber Mittel geworden sind zur Versklavung und Massenvernichtung der Menschen. Diese Erfindungen sind es auch, die das Leben des Individuums erleichtern und bereichern, aber auch eine verderbliche Ruhelosigkeit und sinnlose Geschäftigkeit in ihr Dasein gebracht hat – eine Quelle nervöser Entartung, Oberflächlichkeit und psychischer Unselbständigkeit.

Die Tragik des modernen Menschen liegt – allgemein gesehen – darin: Er hat für sich selber Daseinsbedingungen geschaffen, denen er auf Grund seiner phylogenetischen Entwicklung nicht gewachsen ist. Furcht, Haß, Streitsucht und Habgier, die auf den primitiven Lebensstufen seiner Selbstbehauptung dienten, bedrohen seine Existenz unter den Bedingungen des Daseins, die er in den letzten paar Jahrtausenden mit stetig und rapid steigender Schnelligkeit selber herbeigeführt hat. Unter diesen veränderten Existenzbedingungen bedroht ihn seine psychische Erbmasse mit rascher Vernichtung.

Wenn man in den Zeitungen die Geschehnisse in der Politik der Staaten verfolgt, so scheint es keine Rettung zu geben; der lebensfeindliche Teil der psychischen Erbmasse des Menschen erscheint dann übermächtig und unüberwindlich, das Verderben unter den heutigen technischen Bedingungen unaufhaltsam.

Beobachtet man aber das Verhalten der Menschen in einer engeren Gemeinschaft, zum Beispiel einer Stadt, so sieht man ein weniger düsteres Bild. Auch hier überwiegen die egoistischen die altruistischen Tendenzen beträchtlich, aber doch weit weniger als in der internationalen Politik. Tradition und Erziehung haben ihren mäßigenden Einfluß auf die Individuen ausgeübt; unmittelbare Gewalttat wird durch die Polizei so gut wie verhindert – ein einigermaßen erträgliches Verhältnis der Menschen zueinander ist erreicht. Institutionen bilden sich, deren lebensfördernde Wirkung allen zugute kommt. All dies wäre unmöglich, wenn die lebensfördernden sozialen Triebe unserer psychischen Erbmasse neben den rein egoistischen nicht in erheblichem Maße für das menschliche Handeln bestimmend wären.

Ähnlich ist es innerhalb einzelner Staaten. Auch hier ist der Kampf der Individuen und Gruppen gegeneinander auf ein erträgliches Maß reduziert und ein Zustand der Organisation erreicht, der das Leben der Individuen einigermaßen sichert.

Nur bezüglich der Beziehungen der Staaten untereinander besteht fast völlige Anarchie. Konflikte werden, wenn sie für erheblich genug erachtet werden, durch nackte Gewalt, durch Kriege, entschieden und das ungezügelte Streben nach Machterweiterung macht sich überall ungehindert geltend, wo sich die physische Möglichkeit bietet.

Dieser Zustand der Anarchie auf dem internationalen Gebiete hat unvorstellbare Leiden und Vernichtung über die Menschen gebracht und die seelische und materielle Entwicklung der Menschen und ihrer Institutionen immer wieder verstümmelt, zum Teil für beschränkte Zeiten und Gebiete geradezu völlig vernichtet.

An dieser Anarchie hat die Entwicklung der Jahrtausende nichts Wesentliches zu ändern vermocht, nur daß durch den Einfluß des technischen Fortschrittes die staatlichen Gebilde volkreicher und ausgedehnter geworden sind.

Die Macht des Staates gegenüber seinen Bürgern ist in den letzten Jahrhunderten ständig gewachsen, auch in Ländern, wo diese Macht nicht in brutale Tyrannei ausgeartet ist. Seine Funktion, die Bürger vor den Übergriffen der Mitbürger auch auf wirtschaftlichem Gebiet zu schützen, ist durch die Zentralisierung der Produktion immer komplizierter und ausgedehnter geworden. Seine Funktion des Schutzes gegen Angriffe fremder Staaten erfordert einen ungeheuren, immer wachsenden militärischen Apparat sowie eine erzieherische Beeinflussung der Bürger für den Kriegsfall, die sich insbesondere der plastischen Seele der Jugend hemmungslos bedient und auch durch Wirkung auf die Erwachsenen die Mentalität der Bürger beherrscht. Dies ist auch in solchen Staaten der Fall, die nicht durch prinzipiell aggressive Tendenzen charakterisiert sind. Dadurch ist der Staat, beziehungsweise die Nation, zu dem modernen Götzen geworden, dessen suggestiver Kraft fast alle Menschen bedingungslos erliegen.

Nun brachte die technische Entwicklung der letzten

Jahre eine völlig neue militärische Situation: Schaffung furchtbarer Angriffswaffen für Massenvernichtung, gegen welche es nach gegenwärtigem Wissen keinen Schutz gibt. Der Staat kommt in die Lage, sein Gebiet und seine Bürger nicht mehr wirksam verteidigen zu können. Den einzigen denkbaren wirksamen Schutz kann nur eine Weltorganisation bringen, welche allein über die wirksamen Angriffswaffen und deren Herstellung zu verfügen hat. Dies aber setzt das Bestehen einer Weltregierung voraus, welche auf gesetzlicher Basis jene Streitfragen entscheidet, die bisher zu Kriegen geführt haben. Das Wirkungsfeld der einzelnen Staaten würde dadurch in der Hauptsache eingeschränkt auf die Funktion der inneren Verwaltung, während sich die Beziehung zu anderen Staaten auf solche Gegenstände zu beschränken hat, die keine Bedrohung der internationalen Sicherheit mit sich bringen.

Das gegenwärtige Verhalten der Staaten spricht keineswegs dafür, daß die politischen Instanzen den gebieterischen Zwang begriffen haben, der in unserer Situation liegt. Den Menschen überall auf der Erde diese Situation deutlich zu machen, ist wohl die wichtigste soziale Funktion, welche den Intellektuellen je zugefallen ist. Werden sie stark genug sein, die Bindungen ihrer nationalen Erziehung so weit zu überwinden, daß ihre Botschaft die Völker rechtzeitig für eine so radikale Überwindung eingewurzelter nationaler Traditionen bereit zu machen vermag?

Eine gewaltige Anstrengung ist nötig. Scheitert sie, so wird die Weltregierung gar bald auf den Trümmern des größten Teiles der heutigen Menschheit erstehen. Möge es uns erspart bleiben, daß die Abschaffung der internationalen Anarchie durch eine solche selbstverschuldete Weltkatastrophe erkauft werden muß.

31
Warum Sozialismus? (1949)

Ist es richtig, wenn ein Nicht-Fachmann auf ökonomischem und sozialem Gebiete sich über das Thema Sozialismus äußert? Ich glaube, dies aus verschiedenen Gründen bejahen zu dürfen.

Betrachten wir die Frage zuerst vom Standpunkte der wissenschaftlichen Erkenntnis! Gibt es denn einen wesentlichen Unterschied zwischen der Astronomie und Wirtschaftslehre? Beide Wissenschaften gehen darauf aus, allgemeine Gesetzlichkeiten einer umgrenzten Gattung von Phänomenen herauszufinden, um den Zusammenhang der Phänomene möglichst begreiflich zu machen. Abgesehen jedoch davon, daß die Gesetzlichkeiten der Ökonomie dadurch kompliziert sind, daß das empirisch gegebene Phänomen von gar vielen Faktoren abhängt, deren Bedeutungen schwer gegeneinander abzuwägen sind, sind die verfügbaren Erfahrungen – soweit sie sich auf die sogenannte zivilisierte Menschheit beziehen – bekanntlich durch nicht-ökonomische Ursachen weitgehend bedingt und beschränkt: Die größeren Staatengebilde sind meist durch Eroberung entstanden. Das erobernde Volk wird zur privilegierten Klasse auf legalistischer und ökonomischer Basis. Sie etabliert für sich das Boden-Monopol und liefert die Priesterschaft, welche auf dem Erziehungswege die Klassenspaltung stabilisiert und das System der Wertungen erzeugt, durch welches die Menschen weitgehend unbewußt in ihrem sozialen Verhalten geleitet werden. Die geschichtliche Überlieferung aber ist sozusagen von gestern, und wir haben noch nirgends jenen Zustand wirklich überwunden, der im Sinne Thorstein Veblens als die »prädatorische Phase der Menschheits-Entwicklung« bezeichnet werden kann. Dieser Phase gehören die beobachtbaren Tatsachen der Ökonomie an – eine schmale Basis für die Aufstellung allgemeiner Gesetze! Da nun Sozialismus geradezu als die Bemühung aufzufassen ist, die prädatorische Phase der Entwicklung zu überwinden, so kann ihm die ökonomische Wissenschaft in ihrem heutigen Bestand nur in beschränktem Maße dazu dienen, was von dem als erstrebenswert angesehenen Zielen als erreichbar betrachtet werden kann.

Ferner: Sozialismus hat es mit einem sozial-ethischen Ziele zu tun. Die Wissenschaft kann aber keine Ziele schaffen oder gar in Menschen lebendig machen, sondern bestenfalls nur Mittel zur Erreichung von Zielen liefern. Ziele aber werden von ethischen Persönlichkeiten aufgestellt und – wenn sie lebensfähig sind – von den vielen aufgenommen, die, obgleich in der Mehrzahl halb unbewußt, die langsame Entwicklung der Gesellschaft bestimmen. Also keine Überschätzung der Wissenschaft und ihrer Methoden, wenn es sich um menschliche Probleme handelt!

Unzählige Zungen verkünden seit geraumer Zeit, daß sich die Gesellschaft im Zustande einer Krise befinde und daß ihre Stabilität ernstlich erschüttert sei. Merkmal eines solchen Zustandes ist es, daß die einzelnen Individuen der engeren und weiteren Gemeinschaft, welcher sie angehören, gleichgültig oder gar feindlich gegenüberstehen. Um kurz zu illustrieren, wie ich dies meine, erzähle ich folgendes Erlebnis: Ich sprach mit einem intelligenten und gut gearteten Menschen über die Gefahr eines den Fortbestand der Menschheit ernstlich bedrohenden Vernichtungskrieges und darüber, daß nur eine übernationale Organisation einen wirklichen Ausweg biete. Da sagt der Mann in großer Ruhe zu mir: »Warum sind Sie denn so sehr dagegen, daß die Menschen von der Erde verschwinden?«

Noch vor hundert Jahren hätte nicht so leicht jemand

eine solche Äußerung getan. Es ist die Äußerung eines Menschen, der vergeblich nach einem inneren Gleichgewicht gestrebt und der mehr oder weniger die Hoffnung verloren hat, ein solches Gleichgewicht zu erlangen. Es ist der Ausdruck einer schmerzhaft empfundenen seelischen Vereinsamung, der in unserer Zeit so viele zum Opfer fallen. Was ist die Ursache? Gibt es einen Ausweg?

Solche Fragen sind leichter zu stellen als einigermaßen zuverlässig zu beantworten. Ich muß es aber doch versuchen, so gut ich eben kann, obwohl ich mir des Umstandes wohl bewußt bin, daß unser Fühlen und Streben widerspruchsvoll und dunkel ist.

Der Mensch ist gleichzeitig ein »solitary being« und ein »social being«. Als »solitary being« sucht er seine eigene Existenz sowie die seiner Nächsten zu sichern, seine persönlichen Wünsche zu erfüllen und die in ihm schlummernden Fähigkeiten zu entfalten. Als »social being« sucht er die Zuneigung und Anerkennung seiner Mitmenschen zu erringen, deren Leiden und Freuden zu teilen und deren Schicksal zu bessern. Diese so oft miteinander in Konflikt stehenden Strebungen machen erst in ihrer Vereinigung den besonderen Charakter des Menschen aus und sind bestimmend für das innere Gleichgewicht und für den sozialen Wert eines Menschen. Die relative Stärke dieser beiden Kräfte mag weitgehend angeboren sein. Aber die zufällige Umgebung des heranwachsenden Menschen, die Struktur der Gesellschaft und die in dieser Gesellschaft lebendige Traditionsmasse bestimmen doch weitgehend die resultierende Persönlichkeit. Vom Individuum aus gesehen bedeutet das abstrakte Wort »Gesellschaft« die Gesamtheit seiner direkten und indirekten Beziehungen zu zeitgenössischen Individuen und zu den Individuen der früheren Generationen. Das Individuum allein ist fähig zu denken, zu fühlen, zu streben und zu arbeiten; aber es ist in seiner physischen, intellektuellen und emotionellen Existenz so abhängig von der Gesellschaft, daß es ohne letztere gar nicht gedacht werden kann. Nahrung, Kleidung, Wohnung, Sprache, die Formen des Denkens und den Hauptteil seiner Denkinhalte empfängt es von der Gesellschaft; es lebt durch die Arbeit und Leistung der unzähligen Individuen der Gegenwart und Vergangenheit, welche hinter dem Wörtchen »Gesellschaft« verborgen sind.

Die enge Verbundenheit von Individuum und Gesellschaft ist also naturgegeben und unabänderlich – wie etwa bei den Ameisen und Bienen. Während aber bei letzteren der ganze Lebensprozeß durch starre Instinkte bis ins kleinste erblich festgelegt ist, sind die dem Menschen eigentümlichen sozialen Formen und Wechselwirkungen weitgehend variabel und formbar. Gedächtnis, Kombinationsvermögen und die Gabe der sprachlichen Mitteilung bedingen es, daß es in der menschlichen Sphäre eine Entwicklung gibt, die von den biologischen Gegebenheiten weitgehend unabhängig ist. Diese Entwicklung zeigt sich in den Traditionen, Institutionen und Organisationen, im Schrifttum, in dem Wirken der Wissenschaft und Technik, in den künstlerischen Erzeugnissen. Damit hängt es zusammen, daß der Mensch in gewissem Sinne durch sein Handeln sein Schicksal selber in der Hand hat und daß bei ihm das bewußte Denken und Wollen eine Rolle spielen kann.

Der Mensch empfängt mit seiner Geburt ein biologisches Erbteil, das für unsere Betrachtung konstant und unabänderlich ist, mit Einschluß der für die Spezies charakteristischen Naturtriebe. Außerdem empfängt der Mensch während seines Lebens von der Gesellschaft ein kulturelles Erbteil, das durch Mitteilung und andere Arten der Beeinflussung auf ihn übertragen wird; dies kulturelle Erbteil ist es, welches geschichtlichen Wandlungen unterworfen ist und welches die Beziehungen zwischen Individuum und Gesellschaft weitgehend bestimmt. Die moderne Anthropologie hat durch das Studium und die Vergleichung sogenannter primitiver Kulturen gezeigt, daß das soziale Verhalten der Menschen weitgehend verschieden sein kann, je nach der Beschaffenheit des kulturellen Erbgutes und der in der Gesellschaft maßgebenden Organisationen. Hierauf dürfen diejenigen ihre Hoffnungen gründen, welche eine Verbesserung des menschlichen Loses anstreben: Der Mensch ist *nicht* auf Grund seines biologischen Erbes von vornherein verdammt zur gegenseitigen Vernichtung oder zum selbstgeschaffenen grausamen Schicksal.

Wenn wir uns fragen, wie die Struktur der Gesellschaft und die durch Gestaltung der Tradition bestimmte Einstellung der Individuen sein müßte, um das Dasein der Menschen möglichst befriedigend zu machen, so müssen wir vor allem jene Faktoren fest im Sinne behalten, deren Veränderung nicht in unserer Hand liegt. Abgesehen von der im wesentlichen fest gegebenen biologisch fixierten Erbmasse der Individuen müssen wir hier eines Umstandes gedenken, den die technische Entwicklung der letzten Jahrhunderte mit sich gebracht hat: Die Versorgung unserer dichten Bevölkerungen mit den lebensnotwendigen Verbrauchsgütern setzt eine weit getriebene Arbeitsteilung und eine starke Zentralisierung des Produktionsapparates voraus. Die uns im Rückblick idyllisch erscheinende Selbstversorgung des Individuums oder verhältnismäßig kleiner Gruppen liegt unwiederbringlich hinter uns. Mit leichter Übertreibung kann man heute schon sagen: Die Menschen bilden eine planetarische Produktions- und Konsumgemeinschaft.

Nun kann ich kurz sagen, worin ich das Wesen der

gegenwärtigen Krise sehe. Sie betrifft die Stellung des Individuums zur Gesellschaft. Das Individuum fühlt sich mehr als je abhängig von der Gesellschaft. Aber es fühlt diese Abhängigkeit nicht in positivem Sinne als organische Verbundenheit, als ein Geborgen-Sein, sondern eher als eine Art Gefährdung seiner natürlichen Rechte, ja seiner wirtschaftlichen Existenz. Seine Stellung in der Gesellschaft ist ferner von solcher Art, daß seine egoistischen Triebkomponenten in ihrer Entwicklung gefördert werden, die ohnehin schwächeren sozialen Triebkomponenten aber weitgehend verkümmern. So verschieden auch die Stellen der Individuen in der Gesellschaft sind, an dieser Verkümmerung leiden sie alle. In die unsichtbare Zelle ihres Egoismus eingesperrt, fühlen sie sich unsicher, vereinsamt und der naiven und unbekümmerten Daseinsfreude beraubt. Das Individuum mit seinem fragilen, kurzen Dasein kann sein Leben nur als sinnvoll empfinden durch sein Wirken für die Gesellschaft.

Ich sehe die eigentliche Wurzel des Übels in der partiellen wirtschaftlichen Anarchie der Gesellschaft. Es ist eine riesige Produktions-Gemeinschaft, deren Mitglieder dauernd danach streben, einander nach Möglichkeit die Früchte der gemeinsamen Arbeit wegzunehmen – nicht mit Gewalt, sondern unter im allgemeinen strikter Befolgung gesetzlich festgelegter Regeln. Wesentlich ist dabei, daß es zugelassen wird, daß die sogenannten Kapitalgüter, welche es den Arbeitenden ermöglichen, Konsumgüter (Nahrung, Kleidung etc.) und neue Kapitalgüter herzustellen, Privatbesitz von Individuen sein können und zum großen Teil sind. Diese Kapitalgüter sind teils Naturschätze (Boden, Bergwerke etc.), teils Produkte menschlicher Arbeit (Gebäude, Maschinen etc.).

Ich will nun im folgenden der Einfachheit halber die Nicht-Kapitalbesitzer »Arbeiter« nennen, obwohl dies nicht genau dem Sprachgebrauche entspricht. Der Kapitalbesitzer kann dem Arbeiter seine Arbeitskraft abkaufen. Mit Benützung des Kapitals erzeugt der Arbeiter neue Güter, die Eigentum des Kapitalbesitzers werden. Wesentlich ist bei diesem Prozeß, wieviel der Arbeiter in Sachwert gemessen für seine Arbeit erhält im Vergleich mit dem Sachwerte der von ihm erzeugten Güter. Insoweit der Arbeitsvertrag »frei« ist, richtet sich die Bezahlung des Arbeiters, unter Berücksichtigung seiner Mindestbedürfnisse, nach der Zahl der konkurrierenden Arbeiter im Verhältnis zu der Menge der vom Kapitalbesitzer benötigten Arbeitskräfte und nicht nach dem Sachwerte der von ihnen erzeugten Güter. Wesentlich ist: Die Bezahlung der Arbeit ist auch im Prinzip nicht bedingt durch den Wert der durch sie erzeugten Güter.

Das Privatkapital hat die Tendenz, sich in wenigen Händen zu konzentrieren, teils infolge der Konkurrenz zwischen den Kapitalbesitzern, teils auch wegen des Umstandes, daß der technologische Fortschritt und die mit ihm verbundene fortschreitende Arbeitsteilung die größeren Produktions-Organismen gegenüber den kleineren begünstigt. Es resultiert eine Oligarchie des Privatkapitals, deren Macht auch eine demokratische politische Organisation der Gesellschaft nicht gewachsen ist. Dies hängt damit zusammen, daß die Wahl in die gesetzgebenden Körperschaften von Vorschlägen der politischen Parteien abhängt; die Finanzierung der Parteien aber ist weitgehend vom Privatkapital abhängig, das auf solche Weise gewissermaßen zwischen die Wählerschaft und die gesetzgebenden Körperschaften geschaltet ist. Dies bedingt, daß die Volksvertreter die Interessen der nicht begüterten Volksteile nicht in genügendem Maße vertreten. Außerdem ist es unter den obwaltenden Verhältnissen unvermeidlich, daß das Privatkapital die Informationsquellen des Publikums (Presse, Radio, Schulwesen) teils direkt, teils indirekt weitgehend kontrolliert. Dadurch wird es dem einzelnen schwer, sich ein objektives Urteil zu bilden und von seinen politischen Rechten einen vernünftigen Gebrauch zu machen. Der so skizzierte Zustand ist charakterisiert durch die beiden Grundsätze:

Die Arbeitsmittel (Kapital) sind Privatbesitz, und die Besitzer verfügen frei über die Verwendung der Arbeitsmittel. Der Arbeitsvertrag ist frei.

Eine in solchem Sinne *rein* privatkapitalistische Wirtschaft gibt es nirgends. Insbesondere ist es den Arbeitern nach langen politischen Kämpfen gelungen, eine etwas gemilderte Form des »freien Arbeitsvertrages« für gewisse Kategorien von Arbeitern zu erreichen. Aber im Ganzen genommen unterscheidet sich unsere Wirtschaft nur wenig vom »reinen Kapitalismus«.

Es wird produziert für den Profit, statt für den Bedarf. Es ist nicht dafür gesorgt, daß die ganze arbeitsfähige Bevölkerung am Produktionsprozeß beteiligt ist. Es gibt immer ein »Heer der Arbeitslosen«. Jeder muß um seinen Arbeitsplatz zittern, wenn er einen hat. *Für* die Arbeitslosen und schlecht Bezahlten zu produzieren, lohnt sich im allgemeinen nicht. Viel Not und Schrumpfung der Produktion von Konsumgütern ist die Folge. Der technologische Fortschritt hat zur Folge, daß die Arbeitslosigkeit zunimmt, statt die Arbeitslast aller zu vermindern. Das Profitmotiv in Verbindung mit der Konkurrenz der Kapitalbesitzer bringt eine Instabilität in der Verwendung des Kapitals mit sich, die zu den immer häufiger sich wiederholenden »Depressionen« führt. Hemmungslose Konkurrenz führt zu einer maßlosen Verschwendung von Arbeitskraft und zu der schon erwähnten Verkrüppelung der sozialen Seite in der Veranlagung der Individuen. Diese Verkrüppelung halte ich für das größte Übel, das der »Kapitalismus« mit sich bringt. Dieses Übel macht sich schon im Erziehungswesen geltend, in welchem das junge Individuum mit einem übertriebenen kompetitiven Geist erfüllt und zur Bewunderung des aquisitiven Erfolges erzogen wird: eine Vorbereitung für das spätere Berufsleben.

Nach meiner Überzeugung gibt es nur *einen* Weg zur Beseitigung dieser schweren Übel, nämlich die Etablierung der sozialistischen Wirtschaft, vereint mit einer auf soziale Ziele eingestellten Erziehung: Die Arbeitsmittel werden Eigentum der Gesellschaft und werden von dieser planwirtschaftlich verwendet. Die Planwirtschaft mit ihrer dem elementaren Warenbedarf der Gesellschaft angepaßten Gütererzeugung verteilt die zu leistende Arbeit auf alle arbeitsfähigen Individuen und sichert alle gegen Not. Die Erziehung des Individuums erstrebt neben der Entwicklung der individuellen Fähigkeiten die Erweckung eines auf den Dienst am Nebenmenschen gerichteten Ideales, das an die Stelle der Glorifizierung von Macht und Erfolg zu treten hat.

Planwirtschaft ist noch kein Sozialismus. Planwirtschaft kann mit einer völligen Versklavung des Individuums verbunden sein. Der Sozialismus hat es mit einem politisch-sozialen Problem zu tun, das nicht leicht zu lösen ist: Wie bringt man es bei so weitgehender Zentralisierung der politischen und ökonomischen Macht zuwege, daß die Bürokratie nicht zu mächtig wird und zu sehr anschwillt, daß das Individuum nicht politisch verkümmert und mit ihm das demokratische Gegengewicht gegen die Macht der Bürokratie?

Klarheit über die Ziele und Probleme des Sozialismus ist für unsere Zeit des Überganges von größter Bedeutung. Leider ist bei dem jetzigen Zustande der Gesellschaft die freie Diskussion dieser Dinge durch ein mächtiges Tabu erschwert.

32
Die Pflicht der Intellektuellen (1953)

Das Problem, vor welches sich die Intelligenz dieses Landes gestellt sieht, ist ein sehr ernstes. Es ist den reaktionären Politikern gelungen, durch Vorspiegelung einer äußeren Gefahr das Publikum gegen alle intellektuellen Bemühungen mißtrauisch zu machen. Auf der Basis dieses Erfolges sind sie daran, die freie Lehre zu unterdrücken und die nicht Gefügsamen aus allen Stellungen zu verdrängen, das heißt auszuhungern.

Was soll die Minderheit der Intellektuellen tun gegen das Übel? Ich sehe offengestanden nur den revolutionären Weg der Non-Kooperation im Sinne Gandhis. Jeder Intellektuelle, der vor eines der Komittees vorgeladen wird, müßte jede Aussage verweigern, das heißt bereit sein, sich einsperren und wirtschaftlich ruinieren zu lassen, kurz, seine persönlichen Interessen den kulturellen Interessen des Landes zu opfern.

Diese Verweigerung dürfte aber nicht gegründet werden auf den bekannten Trick der möglichen Selbstinkriminierung, sondern darauf, daß es eines unbescholtenen Bürgers unwürdig ist, sich solcher Inquisition zu unterziehen, und daß diese Art der Inquisition gegen den Geist der Verfassung verstößt.

Wenn sich genug Personen finden, die diesen harten Weg zu gehen bereit sind, wird ihnen Erfolg beschieden sein. Wenn nicht, dann verdienen eben die Intellektuellen dieses Landes nichts Besseres als die Sklaverei, die ihnen zugedacht ist.

P. S. Dieser Brief ist nicht als »vertraulich« zu betrachten.

33
Botschaft über Menschenrechte (1954)

Sie sind heute versammelt, um den Menschenrechten Ihre Aufmerksamkeit zu schenken. Sie haben mir für diese Gelegenheit eine Auszeichnung zugedacht. Als ich davon hörte, fand ich es eigentlich recht deprimierend. Denn wie muß es um eine Gesellschaft bestellt sein, die nicht einen geeigneteren Kandidaten für solche Würdigung aufzuweisen scheint?

Denn ich habe in einem langen Leben all meine bescheidenen Kräfte darauf verwandt, der Natur etwas von ihren Geheimnissen abzulauschen. Nie habe ich systematisch daran gearbeitet, das Los der Menschen zu verbessern, Ungerechtigkeit und Unterdrückung zu bekämpfen und die traditionellen Formen menschlichen Zusammenlebens zu verbessern. Das einzige, was ich tat, war dies: Ich habe in langen Zeitabständen eine Meinung über Zustände in der Öffentlichkeit geäußert, wenn diese mir so schlimm und geschmacklos zu sein schienen, daß ich mich geschämt habe, mich durch Schweigen zum Mitschuldigen zu machen. Daß sich solche Anlässe in den letzten Jahren gehäuft haben, hing wahrlich nicht von mir ab.

Die Existenz und Geltung von Menschenrechten steht nicht in den Sternen geschrieben. Die Ideale betreffend das Verhalten der Menschen gegeneinander und betreffend die wünschbare Gestaltung der Gemeinschaft sind im Laufe der Geschichte von erleuchteten Individuen erschaut und gelehrt worden. Diese Ideale und Überzeugungen, welche der geschichtlichen Erfahrung, der Einfühlung und dem Bedürfnis nach Schönheit und Harmonie entspringen, sind meist bereitwillig von den Menschen anerkannt und zu allen Zeiten von denselben Menschen unter dem Druck ihrer animalischen Instinkte in den Staub getreten worden. Die Geschichte ist zum großen Teil erfüllt durch den Kampf um jene Menschenrechte, ein ewiger Kampf, in dem es keinen endgültigen Sieg geben kann und dessen Erlahmen den Ruin der Gemeinschaft bedeuten würde.

Wenn wir heute von Menschenrechten reden, dann haben wir in erster Linie die folgenden Forderungen im Auge. Sicherung des Individuums gegen willkürliche Eingriffe von seiten anderer Individuen oder des Staates. Das Recht auf Arbeit und adäquaten Arbeitsertrag. Freiheit der Diskussion und Lehre. Adäquate Beteiligung des Individuums an der Formierung der Regierung. *Diese* Menschenrechte sind gegenwärtig theoretisch anerkannt, wenn sie auch unter reichlicher Anwendung formal-juristischer Kunstgriffe in weit höherem Maße verletzt werden, als noch eine Generation vorher. Es gibt aber noch ein Menschenrecht, von dem wenig gesprochen wird, das aber dazu bestimmt zu sein scheint, eine wichtige Bedeutung zu erlangen: das Recht (beziehungsweise die Pflicht) des Individuums, sich von der Beteiligung an Unternehmungen auszuschließen, wenn es diese als unrecht und verderblich empfindet. Hierzu gehört in erster Linie die Militärdienst-Verweigerung. Ich habe erfahren, daß Individuen von ungewöhnlicher moralischer Stärke und Reinheit mit den staatlichen Organen auf dieser Basis in Konflikt gekommen sind. Das Nürnberger Verfahren gegen die deutschen Kriegsverbrecher hat zu stillschweigender Anerkennung des Grundsatzes geführt, daß Regierungsbefehl keine Entlastung gegenüber Verantwortung für verbrecherisches Handeln involviert; Gewissen geht über Staatsgesetz.

Gegenwärtig geht der Kampf in erster Linie um Freiheit der politischen Überzeugung, der politischen Diskussion der Forschung und Lehre. Die Kommunisten-

Angst hat bei uns Formen angenommen, die unseren Staat dem Gespött der übrigen zivilisierten Menschheit ausliefern. Wie lange werden wir es dulden, daß machthungrige Politiker auf dieser Basis ihre politischen Geschäfte machen? Manchmal scheint es, daß unsere Zeit so humorlos geworden ist, daß das Wort »Lächerlichkeit tötet« seine Kraft eingebüßt hat.

34
Die Bedeutung der akademischen Freiheit (1954)

Unter »akademischer Freiheit« verstehe ich das Recht, nach der Wahrheit zu suchen und das für wahr Gehaltene zu publizieren und zu lehren. Mit diesem Recht ist auch eine Pflicht verbunden, nämlich, nicht einen Teil des als wahr Erkannten zu verschweigen. Es ist klar, daß jede Einschränkung der akademischen Freiheit dahin wirkt, die Verbreitung der Erkenntnis unter den Menschen zu behindern und dadurch vernünftiges Urteilen und Handeln zu erschweren.

Die Bedrohung der akademischen Freiheit in unserer Zeit liegt darin, daß unter dem Vorwande, daß das Land von außen bedroht sei, Lehrfreiheit, gegenseitiger Austausch von Meinungen und freie Publizistik beeinträchtigt, beziehungsweise unterdrückt werden. Dies geschieht durch Schaffung einer Situation, in der sich jeder in seiner ökonomischen Situation bedroht fühlt. Die Folge ist, daß mehr und mehr Menschen es vermeiden, ihre Ansichten offen auszusprechen, selbst nicht im privaten geselligen Leben. Es ist ein Zustand, in dem eine demokratische Republik auf die Dauer nicht bestehen kann.

Die Kraft der Verfassung liegt allein in der Entschlossenheit jedes einzelnen Bürgers, sie zu verteidigen. Nur wenn die einzelnen Bürger von der Pflicht erfüllt sind, ihren Teil zu dieser Verteidigung beizutragen, sind die verfassungsmäßigen Rechte gesichert. Jedem wird dadurch eine Pflicht auferlegt, der er sich nicht entziehen darf, trotz der Risiken und Gefahren, die für ihn und die Seinen mit dieser Pflichterfüllung verbunden sind.

Im Prinzip sind alle im gleichen Maße an der Verteidigung der verfassungsmäßigen Rechte beteiligt. Die »Intellektuellen« in dem weitesten Sinne des Wortes sind aber insofern in einer besonderen Lage, als sie infolge ihrer besonderen Ausbildung einen besonders großen Einfluß auf die Bildung der öffentlichen Meinung haben. Deshalb haben es diejenigen, die an die Stelle der demokratischen Republik einen autoritären Staat setzen wollen, besonders auf die Einschüchterung und Knebelung der Intellektuellen abgesehen. Insofern ist es in der gegenwärtigen Situation besonders wichtig, daß die Intellektuellen ihre Pflicht tun. Diese Pflicht sehe ich darin, an keiner Veranstaltung mitzuwirken, welche die verfassungsmäßigen Rechte des Individuums verletzt. Dies gilt im besonderen für alle die Inquisitionen, welche sich auf das Privatleben und die politischen Verbindungen der Bürger beziehen. Wer da kooperiert, macht sich zum Mitschuldigen an Akten der Verletzung oder Außerkraftsetzung der Verfassung.

Es ist für die Verteidigung der Staatsbürgerrechte wichtig, daß all den Opfern der genannten Inquisitionen – denen, die die Aussage verweigert haben, und allen, die sonstwie durch die Inquisitionen in ihrer wirtschaftlichen Existenz geschädigt wurden – in passender Weise geholfen wird, insbesondere durch Arbeitsbeschaffung und rechtlichen Beistand.

PERSÖNLICHKEITEN

35
In memoriam Paul Ehrenfest (1934)

So oft ereignet es sich heute, daß Menschen von hohen Qualitäten freiwillig aus dem Leben gehen, daß wir einen derartigen Lebensabschluß nicht mehr als ungewöhnlich empfinden. Aber der Entschluß zum Scheiden entspringt meist dem Unvermögen oder wenigstens dem Mangel an Bereitschaft, sich in neue und erschwerte äußere Lebensbedingungen zu schicken. Das Fortleben bis zum natürlichen Ende wegen als unerträglich empfundener *innerer* Konflikte zu verweigern, ist aber auch heute bei geistig Gesunden ein seltener Fall, der sich nur bei den vornehmsten und ethisch höchststehenden Persönlichkeiten einstellen kann. Einem solchen tragischen inneren Konflikt ist unser aller Freund Paul Ehrenfest erlegen; wer ihn so gut kannte, wie es mir vergönnt war, der weiß, daß diese reine Persönlichkeit in der Hauptsache einem Gewissenskonflikt zum Opfer gefallen ist, einem Gewissenkonflikt, der in irgendeiner Form keinem Universitätslehrer erspart bleibt, der etwa das fünfzigste Lebensjahr überschreitet.

Vor 22 Jahren lernte ich ihn kennen. Er besuchte mich in Prag und kam gerade von Rußland, wo ihm als einem Manne jüdischer Abstammung das höhere Lehramt verschlossen war. Er suchte nach einem Arbeitsfelde im mittleren oder westlichen Europa. Davon aber sprachen wir wenig, denn die damalige Lage der Wissenschaft nahm fast unser ganzes Interesse in Anspruch. Daß die klassische Mechanik und die Lehre vom elektrischen Felde gegenüber den Phänomenen der Temperaturstrahlung und der Molekularvorgänge (statistisch Theorie der Wärme) versagt hatten, war uns beiden klar. Aber kein gangbarer Weg wollte sich zeigen, der aus dem Dilemma herausführte. Das logische Loch in der trotzdem von uns beiden aufs höchste bewunderten Planckschen Theorie der Strahlung war uns beiden klar. Auch die Relativitätstheorie, welcher er mit einigem Skeptizismus, aber mit dem ihm eigenen einzigartigen kritischen Urteil gegenüberstand, wurde besprochen. Nach wenigen Stunden waren wir wirkliche Freunde – Menschen, die durch ihr Streben und Sehnen wie für einander geschaffen waren. Wir blieben durch innige Freundschaft verbunden, bis er aus dem Leben ging.

Seine Größe lag in einer selten ausgebildeten Fähigkeit, das Wesen eines theoretischen Gedankens zu erfassen, eine Theorie des mathematischen Beiwerks zu entkleiden, bis die einfache Grundidee scharf hervortrat. Diese Fähigkeit machte ihn zu einem einzigartigen Lehrer. Ihretwegen lud man ihn zu den Kongressen ein; denn mit ihm kamen immer Klarheit und Schärfe in jede Diskussion. Unschärfen und Verhüllen des Sachverhaltes bekämpfte er, wenn nötig auch mit boshaftem Witz und Grobheit. In manchen Äußerungen konnte er geradezu als anmaßend erscheinen, er, dessen Tragik gerade in einem fast krankhaften Mangel an Selbstvertrauen lag. Litt er doch unablässig darunter, daß sein kritisches Denkvermögen seine konstruktive Fähigkeit überragte; der kritische Sinn beraubte ihn sozusagen der Liebe zu den Kindern des eigenen Geistes, bevor sie geboren waren.

Kurz nach unserer ersten Begegnung ereignete sich die große Wendung in Ehrenfests äußerem Leben. Unser verehrter Meister Lorentz, der sich von dem regulären Universitäts-Lehramt zurückziehen wollte, erkannte in Ehrenfest einen begnadeten Lehrer und empfahl ihn zu seinem Nachfolger in diesem Amte. Ein wunderbares Wirkungsfeld eröffnete sich dem noch jungen Manne. Er war ja nicht nur der beste Lehrer unseres Faches, denn ich kennengelernt habe; er war auch leidenschaftlich erfüllt von dem Interesse für Entwicklung und Schicksal der Menschen, insbesondere aber seiner Studenten. Andere Menschen zu verstehen, Freundschaft und Vertrauen zu erwerben, allen beistehen in äußeren und inneren Nöten, fördern junger Talente, all dies bildete zusammen sein eigentliches Lebenselement, fast noch mehr als die Vertiefung in die wissenschaftlichen Probleme. Die Studenten und Kollegen in Leiden liebten und schätzten ihn, sie kannten seine aufopfernde Hingabe, sein nur auf Dienen und Helfen eingestelltes Wesen. Mußte er nicht glücklich sein?

In Wahrheit fühlte er sich jedoch unglücklicher als alle anderen, die mir näher getreten sind. Dies kam daher, daß er sich der hohen ihm gestellten Aufgabe nicht gewachsen fühlte. Was nützte es ihm, daß alle ihn schätzten? Das objektiv unberechtigte Gefühl der Insuffizienz plagte ihn beständig, raubte ihm oft die Ruhe für stille Arbeit. Er litt so sehr, daß er in Zerstreuung Trost suchen mußte. Vieles Umherreisen, Beschäftigung mit dem Radio-Apparat und manches andere in seinem ruhelosen Leben entsprang nicht dem Bedürfnis nach Ruhe und harmloser Tändelei, sondern einem eigenartigen Fluchtbedürfnis, aus der angedeuteten psychischen Bedrängnis.

Diese Situation wurde in den letzten Jahren verschlimmert durch die eigentümliche turbulente Entwicklung, welche die theoretische Physik in der letzten Zeit erfahren hat. Zu lernen und zu lehren, was man nicht in vollem Maße innerlich bejaht, ist an sich eine schwere Sache, doppelt schwer für einen fanatisch ehrlichen Geist, dem Klarheit alles bedeutet. Dazu kommt die erhöhte Schwierigkeit, welche die Anpassung an neue Gedanken dem Fünfzigjährigen stets bietet. Ich weiß nicht, wie viele der Leser dieser Zeilen solche Tragik gut verstehen können; sie war es aber in erster Linie, welche seine Flucht aus dem Leben veranlaßte.

Es scheint mir, daß die Neigung zu übermäßiger Selbstkritik mit Erlebnissen im Knabenalter zusammenhängt. Demütigung beziehungsweise geistige Unterdrückung durch verständnislose und egozentrische Lehrer tut schweren, untilgbaren Schaden im kindlichen Gemüte, der gar oft das spätere Leben verhängnisvoll beeinflußt. Wie stark solche Erlebnisse nachgewirkt haben, geht aus Ehrenfests Weigerung hervor, seine innig geliebten Kinder einer Schule anzuvertrauen.

Beziehung zu befreundeten Menschen spielte in Ehrenfests Leben eine weit größere Rolle, als es bei den meisten Menschen der Fall ist. Sympathien und auch auf moralische Urteile gegründete Antipathien beherrschten ihn geradezu. Die stärkste Beziehung seines Lebens war die zu seiner Frau und Arbeitsgenossin, einer ihm geistig ebenbürtigen, ungewöhnlich starken und gefestigten Persönlichkeit. War sie auch geistig nicht so beweglich und vielseitig und nicht so einfühlend – ihre Gelassenheit, Unabhängigkeit von den Menschen und Standhaftigkeit allen Härten des Lebens gegenüber, ihre Lauterkeit im Denken, im Fühlen und im Handeln, gereichten ihm zum Segen, und er dankte es ihr mit einer Verehrung und Liebe, wie ich sie nicht oft im Leben gesehen habe. Eine schicksalhaft bedingte teilweise Entfremdung von ihr war für ihn ein furchtbares Erlebnis, mit dem seine ohnehin wunde Seele nicht mehr fertig werden konnte.

Wir alle, deren Leben durch die Stärke und Ehrlichkeit seiner geistigen Persönlichkeit, durch die Güte und Wärme seines reichen Gemütes und nicht zuletzt durch seinen immer wieder hervorbrechenden Humor und prägnanten Witz bereichert wurde, wir alle wissen, wieviel unser Leben durch sein Scheiden ärmer geworden ist. Er wird fortleben in seinen Schülern und in allen denen, auf welche er durch sein Streben und seine Persönlichkeit richtunggebend gewirkt hat.

36
In memoriam Marie Curie (1935)

Wenn ein überragender Mensch wie Frau Curie sein Leben abgeschlossen hat, so sollten wir nicht nur an das erinnern, was er den Menschen an Ergebnissen der Arbeit geschenkt hat; denn die ethischen Qualitäten der führenden Persönlichkeiten einer Generation sind für diese und den Lauf der Geschichte von vielleicht noch größerer Bedeutung als die rein intellektuellen Leistungen. Auch sind diese letzteren in höherem Maße, als man gewöhnlich denkt, von der Größe des Charakters abhängig.

Ich hatte das Glück, mit Frau Curie zwanzig Jahre lang durch eine schöne und ungetrübte Freundschaft verbunden zu sein, was mich lehrte, ihre menschliche Größe in immer steigendem Maße zu bewundern. Sie war von einer Stärke und Lauterkeit des Willens, von einer Härte gegen sich selbst, von einer Objektivität und Unbestechlichkeit des Urteils, die selten in einem Menschen vereinigt sind. Sie fühlte sich in jedem Augenblick als Dienerin der Gesellschaft, und ihre tiefe Bescheidenheit ließ keine Selbstzufriedenheit aufkommen. Das stets in ihr lebendige Gefühl für die Härten und Ungerechtigkeiten der Gesellschaft drückte sie und gab ihr jene Herbheit nach außen, die von einem Fernerstehenden leicht mißdeuted werden konnte, jene eigenartige Herbheit, die durch keinerlei künstlerischen Liebhabereien gemildert war. Hatte sie einen Weg für richtig erkannt, so verfolgte sie ihn ohne Kompromisse mit äußerster Zähigkeit.

Die größte wissenschaftliche Tat ihres Lebens, der Existenz-Nachweis und die Isolierung radioaktiver Elemente, verdankt ihre Realisierung nicht nur einer kühnen Intuition, sondern auch einer Hingabe und Zähigkeit in der Ausführung ihrer Forscherarbeit, unter denkbar harten äußeren Verhältnissen, wie sie in der Geschichte der experimentellen Wissenschaft nicht oft aufgetreten ist.

Wenn auch nur ein kleiner Teil von Frau Curies Charaktergröße und Hingabe in den Intellektuellen Europas lebendig wäre, stünde es besser um Europas Schicksal.

37
Isaac Newton (1942)

Schwach zwar ist die Vernunft, wenn sie an ihrer unendlichen Aufgabe gemessen wird. Schwach ist sie sogar gegenüber jenen Torheiten und Leidenschaften, die sozusagen allein die menschlichen Schicksale im Kleinen und im Großen beherrschen. Aber die Werke der Vernunft überdauern das lärmende Treiben der Generationen und spenden Licht und wahre Befriedigung über Jahrhunderte hinweg. Von diesem tröstlichen Bewußtsein erfüllt, lasset uns in diesen aufgeregten Tagen Newtons gedenken, der vor dreihundert Jahren der Menschheit geschenkt wurde.

Seiner gedenken, heißt, seines Schaffens gedenken. Denn ein solcher Mensch ist nur als eine Art Gefäß zu verstehen, in dem sich der Kampf um ewige Wahrheit abgespielt hat. Schon lange vor ihm haben starke Naturen gefühlt, daß das sinnlich erfaßbare Geschehen aus einfachen Grundannahmen rein logisch im Sinne der Physik sollte begriffen werden können. Aber Newton war der erste, dem es gelang, eine klar formulierte Basis zu finden, aus welcher er ein weites Feld von Phänomenen durch mathematisches Denken folgerichtig, quantitativ und im Einklang mit der Erfahrung deduzieren konnte. Er durfte sogar wohl hoffen, daß die Grundlagen seiner Mechanik in der Folge den Schlüssel für das Verständnis aller Erscheinungen liefern würden. So dachten – mit größerer Zuversicht als er selber – seine Schüler und Nachfolger bis zum Ende des achtzehnten Jahrhunderts.

Wie kam dieses Wunder in seinem Geiste zustande? Verzeihe, oh Leser diese unlogische Frage! Wenn nämlich die Frage nach dem »wie« vernünftig beantwortet werden kann, so handelt es sich eben nicht um ein Wunder im eigentlichen Sinne des Wortes. Es ist ja das Ziel jeder Bemühung der Vernunft, ein Wunder in etwas Begriffenes zu verwandeln. Wenn sich in diesem Falle das Wunder überwinden läßt, wird unsere Bewunderung für den Geist Newtons nur um so größer.

Galileo hatte durch scharfsinnige Interpretation einfachster Erfahrungstatsachen den Satz aufgestellt: Ein Körper, auf den keine äußeren Ursachen wirken, behält seine anfängliche Geschwindigkeit (und Bewegungsrichtung) durch alle Zeiten; ändert er seine Geschwindigkeit (oder die Richtung seiner Bewegung), so ist dies auf eine äußere Ursache zurückzuführen, die jene Änderung erzeugt.

Um diese Erkenntnis quantitativ zu verwerten, mußten die Begriffe »Geschwindigkeit« und »Raschheit der Veränderung der Geschwindigkeit« beziehungsweise Beschleunigung im Falle einer beliebigen Bewegung eines punktförmig gedachten Körpers (»materiellen Punktes«) erst exakt mathematisch gedeutet werden. Diese Aufgabe führte Newton auf die Erfindung der Grundlage der Differential- und Integralrechnung.

Dies war schon an sich eine schöpferische Leistung ersten Ranges. Für Newton als Physiker aber bedeutete es die Erfindung einer neuartigen Begriffs-Sprache, deren er für die Formulierung allgemeiner Bewegungsgesetze benötigte. Für einen beliebigen Körper hatte er nun zu fordern, daß seine exakt formulierte Beschleunigung der Richtung und Größe nach der auf ihn wirkenden Kraft proportional war. Der hierbei auftretende Proportionaltäts-Koeffizient, welcher den Körper bezüglich seiner Beschleunigungs-Fähigkeit charakterisiert, charakterisiert den (punktförmig gedachten) Körper bezüglich seiner mechanischen Qualität vollständig; es war damit der fundamentale Begriff der Masse gefunden.

Das bisher Gesagte läßt sich in einer Sprechweise äußerster Bescheidenheit als eine exakte Formulierung dessen bezeichnen, was Galileo dem Wesen nach schon erkannt hatte. Das Hauptproblem war damit noch keineswegs gelöst. Das Bewegungsgesetz liefert nämlich die Bewegung eines Körpers nur dann, wenn für alle Werte der Zeit die auf ihn wirkende Kraft der Richtung und Größe nach bekannt ist. Das Problem war auf das andere reduziert, die wirkenden Kräfte aufzufinden. Dieses Problem anzugreifen, wäre gewiß einem minder kühnen Geiste hoffnungslos erschienen mit Rücksicht auf die unübersehbare Mannigfaltigkeit der Wirkungen, welche die Körper dieser Welt aufeinander auszuüben scheinen. Auch sind die Körper, deren Bewegungen wir wahrnehmen, keineswegs »punktartig«, d. h. auffaßbar als »materielle Punkte«. Wie konnte Newton diesem Chaos beikommen?

Wenn wir einen Wagen schieben, der sich reibungslos auf einer horizontalen Ebene bewegt, so ist die Kraft, die wir auf ihn ausüben, gewissermaßen unmittelbar gegeben. Dies ist der ideale Fall, aus dem heraus das Bewegungsgesetz konzipiert ist. Daß es sich hierbei nicht um ein punktförmiges Ding handelt, erscheint unwesentlich.

Wie steht es nun mit dem freien Falle eines Körpers? Ein frei fallender Körper verhält sich ähnlich einfach, wie wenn er punktförmig wäre, wenn man auf seine Bewegung als Ganzes achtet. Er ist nach unten beschleunigt. Die Beschleunigung ist nach Galilei unabhängig von seiner Natur und seiner Geschwindigkeit. Maßgebend für die Existenz dieser Beschleunigung mußte natürlich die Erde sein. Es schien also, daß die Erde durch ihre bloße Anwesenheit eine auf den Körper wirkende Kraft erzeuge. Die Erde besteht aus vielen Teilen. Der Gedanke scheint unabwendbar zu sein, daß jeder dieser Teile auf den fallenden Körper wirkt und daß alle diese Kraftwirkungen sich zusammensetzen. Es scheint also eine Kraft zu geben, die Körper vermöge ihrer bloßen Anwesenheit durch den Raum hindurch aufeinander ausüben. Diese Kräfte scheinen unabhängig zu sein von Geschwindigkeiten, abhängig allein von der relativen Lage und Mächtigkeit der einzelnen wirkenden Körper. Diese Mächtigkeit des einzelnen wirkenden Körpers dürfte durch seine Masse bestimmt sein, denn diese scheint ja den Körper in mechanischer Hinsicht zu charakterisieren. Diese wunderbare Wirkung der Dinge in die Ferne kann man Gravitation nennen.

Um diese genauer zu kennen, hat man nur herauszufinden, wie stark zwei Körper von gegebener Masse und Abstand aufeinander wirken. Denn die Richtung dieser Kräfte dürfte doch wohl keine andere sein können, als die ihrer Verbindungslinie. Unbekannt bleibt also schließlich nur mehr die Abhängigkeit vom Abstand der beiden Körper. Diese Abhängigkeit vom Abstand aber kann man nicht a priori wissen. Da kann nur die Erfahrung helfen.

Solche Erfahrungen aber standen Newton zur Verfügung. Die Beschleunigung des Mondes war aus seiner Bahn bekannt und konnte verglichen werden mit der Beschleunigung des freien Falles an der Erdoberfläche. Ferner waren die Bewegungen der Planeten um die Sonne mit großer Genauigkeit durch Kepler bestimmt und durch einfache empirische Gesetze zusammengefaßt. Es war also ermittelbar, wie die von der Erde und die von der Sonne ausgehenden Gravitations-Wirkungen vom Abstand abhingen. So fand Newton, daß alles durch eine Kraft zu erklären war, die dem Quadrat des Abstandes umgekehrt proportional war.

Damit war alles geleistet und die Himmels-Mechanik geboren, durch Newton selbst und die späteren tausendfältig bestätigt. Wie aber mit dem Rest der Physik? Die Gravitation in Verbindung mit dem Bewegungs-Gesetz allein konnte nicht alles erklären. Was bestimmte das Gleichgewicht der Teile eines festen Körpers gegeneinander? Wie war das Licht aufzufassen, wie die elektrischen Phänomene? Durch Einführung von materiellen Punkten und Fernkräften verschiedener Art schien alles aus dem Bewegungsgesetz ableitbar zu sein.

Diese Hoffnung ist nicht in Erfüllung gegangen, und niemand glaubt mehr an die Lösbarkeit aller Probleme auf dieser Basis. Trotzdem beherrschen Newtons Grundbegriffe auch heute noch in hohem Maße das physikalische Denken. Es ist bisher nicht gelungen, die

Newtonsche einheitliche Konzeption des Universums durch eine ähnlich umfassende einheitliche Konzeption zu ersetzen. Was seither an Erkenntnissen gewonnen wurde, wäre ohne Newtons klares System unmöglich gewesen.

Aus der Beobachtung der Sterne sind so in der Hauptsache die geistigen Werkzeuge hervorgegangen, die zu der Entwicklung der modernen Technik unentbehrlich waren. Für den Mißbrauch der letzteren in unserer Zeit sind die geistigen Schöpfer wie Newton ebensowenig verantwortlich wie die Sterne, deren Anblick und Beobachtung ihre Gedanken beflügelt haben. Dies muß gesagt werden, weil in unserer Zeit die Hochschätzung geistiger Werte um ihrer selbst willen nicht mehr so lebendig ist wie in den Jahrhunderten der geistigen Wiedergeburt.

38
In memoriam Walther Nernst (1942)

Ich folge gerne der Aufforderung der Schriftleitung dieser Zeitschrift, der wissenschaftlichen Persönlichkeit des jüngst verstorbenen Dr. Nernst einige Zeilen zu widmen. Denn er war einer der charakteristischsten und interessantesten Forscher, die mir auf meinem Lebensweg nahestanden. Er fehlte in keinem Berliner physikalischen Kolloquium, und seine kurzen Bemerkungen über die verschiedenen Gegenstände, die dort behandelt wurden, zeugten von einem wahrhaft verblüffenden wissenschaftlichen Instinkt, verbunden mit einer souveränen Kenntnis eines riesigen, ihm stets gegenwärtigen Tatsachen-Materials und einer seltenen Beherrschung der experimentellen Methoden und Tricks, in denen er ein Meister war. So kam es, daß wir – obwohl manchmal seine kindliche Eitelkeit und Selbstliebe gutmütig belächelnd – ihn alle nicht nur aufrichtig bewunderten, sondern auch persönlich gerne mochten. Solange seine egozentrische Schwäche nicht in Funktion trat, war er von einer ganz seltenen Objektivität, einem untrüglichen Sinn für das Wesentliche und einer echten Leidenschaft für die Erkenntnis der tiefen Zusammenhänge der Natur. Ohne solche Leidenschaft wären seine ungewöhnliche schöpferische Produktivität und sein bedeutender Einfluß auf das wissenschaftliche Leben im ersten Drittel dieses Jahrhunderts nicht möglich gewesen.

Er kam von Arrhenius, Ostwald und van't Hoff her, als letzter der Dynastie, die ihre Forschungen auf Thermodynamik, osmotischen Druck und Ionentheorie stützten. Sein Schaffen bis etwa 1905 blieb im wesentlichen auf diesen Gedankenkreis beschränkt. Sein theoretisches Rüstzeug war etwas primitiv, aber er beherrschte es mit seltener Geschicklichkeit. Ich erwähne zum Beispiel die Theorie der elektromotorischen Kräfte in Lösungen von örtlich variabler Konzentration, die Theorie der Beeinträchtigung der Löslichkeit durch einen zusätzlichen gelösten Stoff. In diese Periode fällt auch die Erfindung der witzigen Null-Methode zur Bestimmung der Dielektrizitäten-Konstante von elektrisch leitenden Körpern durch die Wheatstonesche Brücke (Wechselstrom, Telephon als Indikator, kompensierende Kapazität im Vergleichs-Brückenzweig).

Diese erste Schaffensperiode bewegt sich im großen in der Verbesserung der Methodik und der Vervollständigung des Ausbaues auf einem Gebiete, dessen grundsätzliche Ideen schon vor Nernst bekannt waren. Bei diesem Ausbau kam Nernst allmählich zu einem allgemeinen Problem, das durch die Frage charakterisiert wird: Ist es möglich aus der Kenntnis der Energie der

Zustände eines Systems die beim Übergang von einem Zustand zu einem andern gewinnbare Arbeit zu berechnen? Nernst erkannte, daß eine theoretische Bestimmung der Übergangs-Arbeit A aus der Energiedifferenz U mittels der Gleichungen der Thermodynamik nicht möglich ist. Aus der Thermodynamik konnte zwar geschlossen werden, daß beim absoluten Nullpunkt der Temperatur die Größen A und U einander gleich sein müssen. Es konnte aber hieraus A für beliebige Temperaturen auch dann aus U nicht berechnet werden, wenn die Energiewerte (beziehungsweise Differenzen) U für alle Zustände bekannt waren. Die Berechnung wurde erst möglich, wenn über das Verhalten dieser Größen bei tiefen Temperaturen eine Annahme eingeführt wurde, die durch ihre Einfachheit naheliegend erschien. Sie lautet einfach, daß A bei tiefen Temperaturen Temperatur-unabhängig wird. In der Aufstellung dieser Annahme als Hypothese (dritter Hauptsatz der Wärmelehre) liegt das größte Verdienst Nernsts auf theoretischem Gebiet. Später hat Planck die theoretisch befriedigendere Fassung gefunden: Die Entropie verschwindet am absoluten Nullpunkt der Temperatur.

Dieser dritte Hauptsatz verlangte ein vom Standpunkt der früheren Ideen über die Wärme recht seltsames Verhalten der Körper bei tiefen Temperaturen. Um nun über die Richtigkeit dieses Satzes entscheiden zu können, bedurfte es einer bedeutenden Vervollkommnung der Methoden der Kalorimetrie bei tiefen Temperaturen. Auch die Kalorimetrie hoher Temperaturen verdankt ihm erhebliche Fortschritte. Durch all diese Untersuchungen sowie durch die vielen Anregungen, die sein ruheloser Erfindungsgeist den Experimentatoren auf seinem Gebiet gab, hat er die Forschungsarbeit seiner Generation höchst wirksam gefördert. Die Anfänge der Quantentheorie wurden durch jene kalorischen Untersuchungen durch wichtiges Material gestützt, besonders in der Zeit, bevor die Bohrsche Theorie des Atoms das wichtigste Erfahrungsfeld dieser Theorie wurde. Sein Werk über theoretische Chemie bietet nicht nur den Studenten, sondern auch dem Forscher eine Fülle von Anregungen. Es ist theoretisch primitiv, aber geistreich, lebendig und reich an Andeutungen über Zusammenhänge verschiedenster Art. Es spiegelt seine ganze geistige Eigenart genau wider.

Nernst war kein einseitiger Gelehrter. Sein gesunder Menschenverstand befaßte sich erfolgreich mit allen Gebieten des praktischen Lebens, und jedes Gespräch mit ihm brachte Interessantes zutage. Was ihn vor fast allen seinen Landsleuten auszeichnete, war eine sehr weitgehende Freiheit von Vorurteilen. Er war kein Nationalist und kein Militarist. Dinge und Menschen beurteilte er fast ausschließlich nach dem unmittelbaren Erfolge, nicht nach einem sozialen oder ethischen Ideale; dies war eben die Kehrseite jener Vorurteilsfreiheit. Dabei hatte er Interesse an Literatur und Sinn für Witz und Humor, wie es bei Menschen, die eine so große Arbeitslast bewältigen, recht selten ist. Er war ein Original in solchem Maße, daß ich niemand kennengelernt habe, der mit ihm dem Wesen nach erhebliche Ähnlichkeit gehabt hätte.

39
Mahatma Gandhi (1944)

Ein Führer seines Volkes ohne äußere Macht, ein Politiker, dessen Erfolge weder auf Schlauheit noch auf technischen Tricks, sondern einfach auf der Überzeugungskraft seiner Persönlichkeit beruhen, ein erfolgreicher Kämpfer, der jedes Mittel der Gewalt verschmähte, ein Demütiger und Weiser voll Tatkraft und unbeugsamer

Konsequenz, der all seine Kräfte der Verbesserung des Loses und der Veredelung seines Volkes gewidmet hat. Einer, der der Brutalität der Europäer die Würde wahrer Menschlichkeit entgegengestellt hat und dabei stets der Überlegene geblieben ist.

Ein späteres Geschlecht wird es vielleicht kaum glauben können, daß so einer als ein Geschöpf aus Fleisch und Bein wirklich auf dieser Erde gewandelt ist.

40
In memoriam Henrietta Szold (1945)

Henrietta Szold wird in die Geschichte des jüdischen Volkes eingehen als eine der großen führenden Persönlichkeiten, deren Wirken dauernde Spuren im Leben unseres Volkes hinterlassen haben. Über den Parteien stehend und durch ihr selbstloses Dienen allen Wohlgesinnten gleich nahe hat sie es mit praktischem Sinne zuwege gebracht, daß große Teile des jüdischen Volkes in allen Ländern zum Gelingen und zu der Vervollkommnung des Aufbauwerkes wirksam und mit Freude beigetragen haben. Sie verband die Fähigkeit des Überzeugens mit dem praktischen Sinn des Leitens und Organisierens. Möge ihr Vorbild uns leuchten und zur Nacheiferung anspornen, daß wir den schweren Aufgaben gewachsen seien, die uns für die folgenden Jahre gestellt sind.

41
Carl von Ossietzky (1946)

Nur wer die Nachkriegsjahre in Deutschland zugebracht hat, kann es ermessen, wie hart der Kampf war, den ein Mann wie Ossietzky zu bestehen hatte. Er wußte, daß die auf Gewalt und Krieg gerichtete Tradition seiner Landsleute durch die Niederlage nicht entkräftet war. Er wußte, wie schwer, undankbar und gefährlich es war, den durch hartes Schicksal und den verwildernden Einfluß eines langen Krieges verhärteten Landsleuten Vernunft und Recht zu predigen. Sie haben es ihm durch Haß, Verfolgung und langsame Vernichtung vergolten in ihrer Verblendung; auf ihn zu hören und demgemäß zu handeln hätte für sie die Rettung und für die Welt eine wahre Erlösung bedeutet.

Es wird der Nobelstifung auf immer zum Ruhme gereichen, daß sie diesen schlichten Märtyrer mit ihrer hohen Auszeichnung bedacht hat und daß sie darauf bedacht ist, die Erinnerung an ihn und sein Wirken lebendig zu erhalten. Es ist auch heilsam für die heutige Menschheit; denn die verhängnisvolle Illusion, gegen die er kämpfte, ist durch den Ausgang des Krieges keineswegs beseitigt. Der Verzicht auf die Lösung menschlicher Probleme durch Gewalt – darum geht es auch heute noch wie damals.

42
In memoriam Paul Langevin (1947)

Die Nachricht vom Tode Paul Langevins erschütterte mich mehr als das meiste, was in diesen schicksalsschweren, enttäuschungsreichen Jahren sich ereignete. Warum war dies so? War das nicht ein langes Leben voll von fruchtbarem Schaffen und Wirken eines Menschen, der mit sich selber in Harmonie war? War er nicht allgemein verehrt für die klare Einsicht in alle intellektuellen Fragen und allgemein geliebt für die Hingabe an jegliche gute Sache und für seine verstehende Güte allen Geschöpfen gegenüber? Ist es nicht befriedigend, daß das Leben des einzelnen in natürliche Grenzen eingeschlossen ist, so daß es am Ende erscheinen kann wie das Werk eines Künstlers?

Der Schmerz, den sein Abscheiden brachte, war deshalb so stark, weil es in mir das Gefühl trostloser Vereinsamung hervorrief. Es gibt so wenige in einer Generation, in denen klare Einsicht in das Wesen der Dinge mit intensivem Gefühl für die Forderungen wahrer Menschlichkeit und mit der Fähigkeit tatkräftigen Wirkens vereinigt sind. Wenn ein solcher Mensch von uns geht, dann entsteht eine Lücke, die den Überlebenden unerträglich erscheint.

Langevin war von ungewöhnlicher Klarheit und Beweglichkeit im wissenschaftlichen Denken, dabei mit einem sicheren, intuitiven Blick für das wesentliche begabt. Diese Eigenschaften brachten es mit sich, daß seine Vorlesungen mehr als eine Generation französischer theoretischer Physiker entscheidend beeinflußten. Er verstand aber auch viel von experimenteller Technik und wirkte allenthalben befruchtend durch Kritik und schöpferische Vorschläge. Er hat auch durch originale Forschungsarbeit die Entwicklung entscheidend beeinflußt, hauptsächlich auf dem Gebiete des Magnetismus und der Ionentheorie. Die Last der von ihm stets bereitwillig übernommenen Pflichten hemmte aber seine eigene Forschungsarbeit, so daß die Früchte seines Forschens mehr in den Publikationen anderer Forscher in Erscheinung traten als in seinen eigenen.

Er erscheint mir sicher, daß er die spezielle Relativitätstheorie entwickelt hätte, wenn es nicht anderwärts geschehen wäre; denn er hatte die wesentlichen Gesichtspunkte deutlich erkannt. Es ist auch zu bewundern, daß er die Bedeutung von de Broglies Ideen, aus denen Schrödinger dann die Methoden der Wellenmechanik entwickelte, in ihrer vollen Bedeutung bewertete, bevor diese Ideen sich zu einer konsistenten Theorie verdichtet hatten. Ich erinnere mich lebhaft daran, mit welcher Freude und Wärme er mir davon erzählte, auch sowohl daran, daß ich seinen Ausführungen nur zögernd und zweifelnd folgte.

Langevin litt sein Leben lang unter dem Bewußtsein der Mängel und Ungerechtigkeit unserer sozialen und wirtschaftlichen Einrichtungen. Dabei glaubte er fest an die Macht der Vernunft und Erkenntnis. Er war ein so reiner Mensch, daß er davon überzeugt war, daß alle Menschen bereit seien zu jedem persönlichen Verzicht, wenn sie nur eingesehen haben, was recht und vernünftig ist. Ratio war seine Religion, die nicht nur das Licht, sondern auch die Erlösung bringen sollte. Der Wunsch, den Menschen zu einem glücklicheren Dasein zu verhelfen, war in ihm vielleicht noch stärker als sein Sehnen nach reiner intellektueller Erkenntnis. So kam es, daß er viel Zeit und Lebenskraft politischer Aufklärung opferte, zumal niemand leer bei ihm ausging, der an sein soziales Gewissen appellierte. So kam es auch, daß gerade die ethische Größe seiner Persönlichkeit es war, die ihm erbitterte Feindschaft bei manchen Alltagsmenschen unter den Intellektuellen brachte. Er aber begriff alle und zürnte niemand in seiner Güte.

Ich kann nur meiner Dankbarkeit dafür Ausdruck geben, daß ich diesen reinen und erleuchteten Menschen persönlich gekannt habe.

43
In memoriam Max Planck (1948)

Wem es vergönnt war, der Menschheit einen großen schöpferischen Gedanken zu schenken, der hat es nicht nötig, von der Nachwelt gepriesen zu werden. Denn ihm ward Höheres zuteil durch seine eigene Tat.

Und doch ist es gut, ja sogar nötig, daß sich hier an diesem Tage Abgesandte der nach Wahrheit und Erkenntnis strebenden Forscher aus allen Teilen der Erde vereinigen. Sie legen Zeugnis dafür ab, daß auch in diesen Zeiten, in denen politische Leidenschaft und rohe Gewalt so große Sorgen und Leiden über die Menschen verhängen, das Ideal des Erkennens unvermindert hochgehalten wird. Dies Ideal, das von jeher die Forschenden aller Nationen und Zeiten eng verbunden hat, war in Max Planck mit seltener Vollkommenheit verkörpert.

War die atomistische Natur der Materie auch schon von den Griechen erschaut und von den Forschern des 19. Jahrhunderts zu großer Wahrscheinlichkeit erhoben, so hat doch Max Planck zugleich mit seinem Strahlungsgesetz zuerst eine genaue, von zusätzlichen Annahmen unabhängige Bestimmung der wahren Größe der Atome gegeben. Darüber hinaus aber hat er überzeugend dargetan, daß es neben der atomistischen Struktur der Materie eine Art atomistische Struktur der Energie gibt, die durch die von ihm eingeführte universelle Konstante beherrscht wird.

Diese Erkenntnis hat die Entwicklung der Physik in unserem Jahrhundert eingeleitet und nahezu vollständig beherrscht. Ohne sie wäre die Aufstellung einer brauchbaren Theorie der Atome und Moleküle sowie der ihre Umwandlung beherrschenden energetischen Vorgänge unmöglich gewesen. Diese Erkenntnis hat ferner den Rahmen der klassischen Mechanik und Elektrodynamik gesprengt und die Wissenschaft vor die Aufgabe gestellt, eine neue begriffliche Basis für die gesamte Physik zu finden, eine Aufgabe, die trotz bedeutender Teilerfolge noch lange nicht befriedigend gelöst ist.

Indem sich die »National Academy of Sciences« vor diesem Manne verneigt, spricht sie die Hoffnung aus, daß die freie Forschung um der reinen Erkenntnis willen uns ungeschmälert erhalten bleiben möge.

44
Johannes Kepler (1949)

In Keplers Briefen tritt uns ein fein empfindender Mensch entgegen, der sich leidenschaftlich dem Streben nach tiefer Einsicht in das Wesen der Naturvorgänge ergeben hat und der allen inneren und äußeren Schwierigkeiten zum Trotz sein hochgestecktes Ziel auch erreichte.

Das Leben Keplers war der Lösung eines doppelten Problems gewidmet. Sonne und Planeten ändern ihren scheinbaren Ort mit Bezug auf den Hintergrund der Fixsterne in einer komplizierten Weise, die sich unmittelbar der Beobachtung darbietet. Was man da mit großem Fleiß beobachtet und aufgezeichnet hatte, war also nicht eigentlich die Bewegungen der Planeten im Raume, sondern die zeitlichen Änderungen, die die Richtung Erde-Planet im Laufe der Zeit erfährt. Seit Kopernikus das Häuflein der Urteilsfähigen davon überzeugt hatte, daß die Sonne bei diesem Vorgang als ruhend, die Planeten aber – einschließlich der Erde – als um die Sonne bewegt aufzufassen seien, zeigte sich als erstes großes Problem: die Bestimmung der »wahren« Bewegungen der Planeten einschließlich der Erde, wie sie etwa auf dem nächsten Fixstern einem dort befindlichen und mit einem vollkommenen stereoskopischen Doppelfernrohr ausgerüsteten Beobachter sichtbar wären. Dies war Keplers erstes großes Problem. Das zweite Problem lag in der Frage: Nach welchen mathematischen Gesetzen vollziehen sich diese Bewegungen? Es ist klar, daß die Lösung des zweiten Problems, wenn sie überhaupt dem menschlichen Geiste erreichbar wäre, die Lösung des ersten vorausetzte. Denn man muß einen Vorgang zuerst kennen, bevor man eine auf diesen Vorgang bezügliche Theorie prüfen kann.

Kepler erreichte die Lösung des ersten Problems durch einen wahrhaft genialen Einfall, der ihm die Bestimmung der »wahren« Gestalt der Erdbahn ermöglichte: Um die Erdbahn konstruieren zu können, braucht man neben der Sonne einen zweiten festen Punkt im planetarischen Raum. Hat man einen solchen Punkt, so kann man – indem man ihn und die Sonne als Fixpunkte von Winkelmessungen verwendet – die wahre Gestalt der Erdbahn nach denselben Methoden der Triangulationsberechnungen bestimmen, die man allgemein bei der Herstellung von Landkarten zu verwenden pflegt. Woher aber einen solchen zweiten Fixpunkt nehmen, wenn doch alle sichtbaren Objekte außer der Sonne (im einzelnen) unbekannte Bewegungen ausführen? Keplers Antwort: Man kennt mit großer Genauigkeit die scheinbare Bewegung des Planeten Mars und damit auch die Zeit seines Umlaufs um die Sonne (»Marsjahr«). Jedesmal, wenn ein Marsjahr vorbei ist, dürfte sich Mars an derselben Stelle des (planetaren) Raumes befinden. Beschränkt man sich zunächst auf die Benutzung solcher Zeitpunkte, so repräsentiert für diese der Planet Mars einen festen Punkt des planetaren Raumes, den man bei der Triangulation als Fixpunkt verwenden darf.

Dies Prinzip benutzend, bestimmte Kepler zunächst die wahre Bewegung der Erde im planetaren Raume. Da nun die Erde selbst zu jeder Zeit als Triangulationspunkt verwendet werden konnte, war er auch imstande, die wahren Bewegungen der übrigen Planeten aus den Beobachtungen zu bestimmen.

Dadurch gewann Kepler die Grundlage für die Bestimmung der drei fundamentalen Gesetze, die mit seinem Namen für alle Zeiten verknüpft sind. Wieviel Erfindungskraft und unermüdlich harte Arbeit nötig waren, um diese Gesetze herauszufinden und mit großer Präzision sicherzustellen, das vermögen wir heute kaum noch zu würdigen.

Das muß der Leser wissen, wenn er aus den Briefen sieht, unter welch harten Lebensbedingungen Kepler sein riesiges Werk vollbrachte. Weder durch seine Armut noch durch das Unverständnis der maßgebenden Zeitgenossen, die den Verlauf des Keplerschen Lebens und Werkes erheblich bestimmten und die freie Entfaltung seines Könnens behinderten, ließ er sich lähmen oder entmutigen. Dabei hatte er es mit einem Gegenstande zu tun, der den Bekenner der Wahrheit auch unmittelbar gefährdete. Er gehörte jedoch zu den wenigen, die überhaupt nicht anders können, als auf jedem Gebiete offen für ihre Überzeugungen einzustehen. Dabei war er nicht einer, der an dem Kampfe mit anderen unmittelbares Vergnügen fand, wie es etwa bei Galilei offenbar der Fall war, dessen göttliche Bosheiten noch heute den verständnisvollen Leser entzücken. Kepler war ein frommer Protestant, der aber kein Hehl daraus machte, daß er nicht alle Entscheidungen der Kirche billigte. Er wurde deswegen als eine Art gemäßigter Ketzer betrachtet und demgemäß behandelt. Dies führt mich zu den oben angedeuteten inneren Schwierigkeiten, die Kepler zu überwinden hatte. Sie sind nicht so leicht zu sehen wie die äußeren. Sein Lebenswerk war nur möglich, wenn es ihm gelang, sich weitgehend von der geistigen Tradition freizumachen, in die er hineingeboren war. Sie bestand nicht nur in der religiösen, auf die Autorität der Kirche gegründeten Tradition, sondern auch in den allgemeinen Vorstellungen über die Art der Bedingtheit des Geschehens im Kosmos und in der menschlichen Sphäre sowie in den Ideen über die relative Bedeutung des Denkens und der Erfahrung in der Wissenschaft. Er mußte sich befreien von der animistischen, nach Zwecken orientierten Denkweise in der Forschung. Er mußte klar erkannt haben, daß ein noch so klares logisch-mathematisches Theoretisieren allein keine Wahrheit verbürgt, sondern daß die schönste logische Theorie in der Naturwissenschaft ohne Vergleich mit der exaktesten Erfahrung nichts bedeutet. Ohne diese philosophische Einstellung wäre sein Werk nicht möglich gewesen. Er spricht nicht darüber, aber der innere Kampf spiegelt sich in den Briefen. Der Leser mag auf die Bemerkungen über Astrologie achten. Sie zeigen, daß der überwundene innere Feind zwar unschädlich gemacht, aber nicht ganz tot war.

45
In memoriam Rudolf Ladenburg (1952)

Kurz ist dies Dasein, wie ein flüchtiger Besuch in einem fremden Hause. Kümmerlich erhellt ist der zurückzulegende Weg durch ein flackerndes Bewußtsein, als dessen Zentrum das beschränkende und trennende Ich erscheint.

Die Beschränkung auf das Ich ist für Wesen unserer Art undenkbar für das nackte Dasein und auch für das Lebensgefühl. Das Ich führt uns zum Du und zum Wir – ein Schritt, der uns erst zu dem macht, was wir sind. Und doch ist die Brücke, die von dem Ich zum Du führt, subtil und unsicher wie das ganze Abenteuer des Lebens.

Fügt sich eine Gruppe von Menschen zu einem Wir zusammen, zu einem harmonischen Ganzen, so ist das Höchste erreicht, was Menschen als Geschöpfe erreichen können. Das sie verknüpfende Band ist unmittelbarer und elementarer als das Band der Sprache, so etwas wie eine Gemeinschaft des verstehenden Lächelns.

Solch eine kleine Reisegemeinschaft ist hier versammelt, um dem Reisegenossen Rudolf Ladenburg den letzten herzlichen Gruß zu bringen. Über sein Wirken in unserem Kreise braucht nichts gesagt zu werden; jeder fühlte die erlösende, befruchtende und stützende Wirkung, die von seiner Person ausstrahlte.

Wohl ist der Mensch von der Sehnsucht erfüllt, eine allumfassende, harmonische menschliche Gemeinschaft zu schaffen, und es kommt zu dieser Sehnsucht die Erkenntnis einer äußeren gebieterischen Notwendigkeit für eine solche Gemeinschaft. Aber es fehlt hier die Verknüpfung durch die unmittelbaren persönlichen Resonanzwirkungen. Das Streben nach diesem großen Ziel, so alt und unabweisbar es ist, so entmutigend sind die bisherigen Erfolge. Das Ziel erscheint zu groß zu sein im Vergleich mit der Beschränktheit der Individuen, auf die allein das Streben sich stützen kann.

Gar oft haben wir auf stillen Spaziergängen solche Erwägungen ausgetauscht und Trost gefunden in der kleinen lebendigen Gemeinschaft unseres engen Kreises. Trost fanden wir auch in der großen Gemeinschaft der nach objektiver wissenschaftlicher Erkenntnis Strebenden. War doch hier ein Gebiet abgegrenzt, das sorgfältig geschützt erscheint gegen das Eindrängen zerstörender Leidenschaften.

So sind die Wege, auf denen das flackernde und kurzlebige Einzelbewußtsein seine Unzulänglichkeit überwinden kann. Bescheidenes Dienen in diesem Sinne kennzeichnet das Wirken unseres lieben Freundes.

46
H. A. Lorentz als Schöpfer und als Persönlichkeit (1953)

Um die Jahrhundertwende wurde H. A. Lorentz von den theoretischen Physikern aller Nationen als der führende Geist betrachtet, und dies mit vollem Rechte. Die Physiker der jüngeren Generation sind sich meist der entscheidenden Rolle, welche H. A. Lorentz bei der Gestaltung der fundamentalen Ideen in der theoretischen Physik spielte, nicht mehr voll bewußt. Diese seltsame Tatsache beruht darauf, daß die Lorentzschen grundsätzlichen Ideen ihnen so in Fleisch und Blut übergegangen sind, daß sie kaum noch imstande sind, sich der Kühnheit dieser Ideen und der durch sie erzeugten Vereinfachung des physikalischen Fundamentes voll bewußt zu werden.

Als H. A. Lorentz zu schaffen begann, war die Maxwellsche Theorie des Elektromagnetismus schon durchgedrungen. Aber es haftete der Theorie eine merkwürdige Kompliziertheit der Grundlagen an, welche die wesentlichen Züge nicht mit voller Klarheit hervortreten ließ. Der Feldbegriff hatte zwar den Begriff der Fernwirkung verdrängt; aber das elektrische und magnetische Feld wurden noch nicht als ursprüngliche Wesenheit gedacht, sondern als Zustände der ponderablen Materie, die man als Kontinua behandelte. Das elektrische Feld schien infolgedessen gespalten in den Vektor der elektrischen Feldstärke und den der dielektrischen Verschiebung. Diese beiden Felder waren im einfachsten Falle durch die Dielektrizitäts-Konstante verknüpft, wurden aber im Prinzip als unabhängige Wesenheiten angesehen und behandelt. Analog war es mit dem magnetischen Felde. Dieser Grundauffassung entsprach es, daß man den leeren Raum als speziellen Fall der ponderablen Materie behandelte, in welchem die Beziehung von Feldstärke und Verschiebung nur besonders einfach erschien. Insbesondere brachte es diese Auffassung mit sich, daß das elektrische und magnetische Feld gar nicht unabhängig gedacht werden konnten vom Bewegungszustande der Materie, welche als Träger des Feldes angesehen wurde.

Einen klaren Einblick in diese damals vorherrschende Auffassung der Maxwellschen Elektrodynamik kann man durch das Studium von Heinrich Hertz' Untersuchung über die Elektrodynamik bewegter Körper gewinnen.

Hier setzt H. A. Lorentz' erlösende Tat ein. Er stützte seine Untersuchungen mit großer Folgerichtigkeit auf die Hypothesen:

Sitz des elektromagnetischen Feldes ist der leere Raum. Es gibt in diesem nur *einen* elektrischen und *einen* magnetischen Feld-Vektor. Dieses Feld wird erzeugt durch atomistische elektrische Ladungen, auf welche das Feld wieder ponteromotorisch zurückwirkt. Eine Verknüpfung des elektromotorischen Feldes mit der ponderablen Materie besteht nur dadurch, daß elektrische Elementar-Ladungen mit atomistischen Bausteinen der Materie starr verbunden sind. Für letztere gilt Newtons Bewegungsgesetz.

Auf diese so vereinfachte Grundlage gründete Lorentz eine vollständige Theorie aller damals bekannten elektromagnetischen Erscheinungen, inklusive derjenigen der Elektrodynamik bewegter Körper. Es ist ein Werk von solcher Folgerichtigkeit, Klarheit und Schönheit wie sie in einer auf Empirie gegründeten Wissenschaft nur selten erreicht wurde. Das einzige Phänomen, dessen Erklärung auf diesem Wege nicht restlos, d. h. nicht ohne zusätzliche Annahmen gelang, war das berühmte Michelson-Morley-Experiment. Daß dies Experiment zu der speziellen Relativitätstheorie hinführte, wäre ohne die Lokalisierung des elektromagnetischen Feldes im leeren Raume undenkbar gewesen. Der wesentliche Schritt war eben überhaupt die Zurückführung des Elektromagnetismus auf die Maxwellschen Gleichungen im leeren Raume oder – wie man damals sagte – im Äther.

H. A. Lorentz hat sogar die nach ihm benannte »Lorentz-Transformation« gefunden, ohne freilich deren Gruppen-Eigenschaft zu beachten. Für ihn galten Maxwells Gleichungen des leeren Raumes nur für ein bestimmtes Koordinatensystem, das durch Ruhe gegenüber allen andern Koordinatensystemen ausgezeichnet erschien. Dies war eine wahrhaft paradoxe Sachlage, weil die Theorie das Inertialsystem stärker einzuschränken schien als die klassiche Mechanik. Dieser Umstand, der doch vom empirischen Standpunkte ganz unmotiviert erschien, *mußte* zur speziellen Relativitätstheorie hinführen.

Da ich dank dem freundlichen Entgegenkommen der Leidener Universität oft für längere Zeit in Leiden war, wo ich jeweils bei meinem lieben und unvergeßlichen Freunde Ehrenfest wohnte, hatte ich oft Gelegenheit, H. A. Lorentz' Vorlesungen beizuwohnen, die er für einen kleineren Kreis von jüngeren Fachgenossen regelmäßig hielt, als er sich bereits von dem allgemeinen Lehramt zurückgezogen hatte. Alles, was von diesem überragenden Geiste kam, war klar und schön wie ein gutes Kunstwerk, und man hatte den Eindruck, daß alles so mühelos und leicht herauskam, wie ich es bei keinem anderen erlebt habe.

Wenn wir Jüngeren H. A. Lorentz nur als erleuchteten Geist gekannt hätten, wäre unsere Bewunderung und Verehrung für ihn schon einzigartig gewesen. Was ich aber empfinde, wenn ich an H. A. Lorentz denke, ist damit bei weitem nicht erschöpft. Er war mir persönlich mehr als alle anderen, die mir auf dem Lebenswege begegnet sind.

Wie er die Physik und die mathematische Form beherrschte, so beherrschte er auch sich selbst, ohne Mühe und in steter Gelassenheit. Sein ganz ungewöhnlicher Mangel an menschlichen Schwächen wirkte niemals niederdrückend auf die Mitmenschen. Jeder fühlte seine Überlegenheit, aber niemand fühlte sich durch sie bedrückt. Denn obwohl er die Menschen und die menschlichen Verhältnisse klar durchschaute, hatte er doch für alle und alles ein gütiges Wohlwollen. Nie wirkte er dominierend, sondern immer nur dienend und helfend. Er war äußerst gewissenhaft, ohne irgendeine Angelegenheit als über Gebühr wichtig erscheinen zu lassen. Davor schützte ihn ein feiner Humor, der sich in seinen Augen und in seinem Lächeln spiegelte. Dazu paßt es auch, daß er bei aller Hingabe an die wissenschaftliche Erkenntnis doch davon durchdrungen war, daß unser Verstehen nicht gar tief in das Wesen der Dinge einzudringen vermöge. Diese halb skeptische, halb demütige Einstellung wußte ich erst in meinen späteren Jahren voll zu würdigen.

Die Sprache – oder wenigstens meine Sprache – kann dem Gegenstand dieses kleinen Aufsatzes trotz aufrichtiger Bemühung nicht gerecht werden. Deshalb möchte ich nur noch zwei kurze Aussprüche von H. A. Lorentz zitieren, die besonders stark auf mich gewirkt haben:

»Ich bin glücklich, einer Nation anzugehören, die zu klein ist, um große Torheiten zu begehen.«

Einem Manne aber, der ihn bei einem Gespräch während des ersten Weltkrieges zu überzeugen suchte, daß die Schicksale durch Macht und Gewalt bestimmt würden, antwortete er: »Es ist denkbar, daß Sie recht haben; aber in einer solchen Welt möchte ich nicht leben.«

47
In memoriam Joseph Scharl (1954)

Nur durch wenige Jahre hatte ich das Glück, diesen warmherzigen und bedeutenden Menschen persönlich zu kennen. Aber diese wenigen Jahre genügten, eine feste, innige und beglückende Freundschaft zu begründen. Alles an ihm war echt, ursprünglich und unverdorben! Er sah durch die Tragik und durch die Abgründe dieser Menschenwelt. Er litt darunter so stark wie selten einer, aber nichts vermochte ihn für die Dauer niederzudrücken – sein sonniger Humor und seine starke Einfühlung in den andern ließ keine Mutlosigkeit, keine lähmende Resignation aufkommen. Vom Schicksal hart angefaßt, war er mit seiner inneren Stärke stets der Gebende, der Halt für schwächere Naturen.

Nie war er einem schwächlichen Kompromiß zugänglich, weder als Künstler noch als Mensch; es wäre ihm unmöglich gewesen, sich durch solche Opfer an Ehrlichkeit das äußere Dasein leichter zu gestalten. Als geborener großer Künstler folgte er nur der inneren Stimme, die ihm unentwegt den sicheren Weg zu steigender Meisterschaft und Reife finden ließ. Die Modetorheiten auf dem Kunstgebiet konnten ihm nichts anhaben, obwohl er keineswegs durch überkommene Formen und Vorurteile gebunden war. Er suchte und fand die sichere Wiedergabe seines persönlichen künstlerischen Erlebens. Dies Streben war seine Leidenschaft, die ihm die höchste Kraft des Schaffens auch durch die Zeiten schweren körperlichen Leidens bis zum plötzlichen Ende bewahrte.

Nun schlug die plötzliche Abschiedsstunde mitten aus fruchtbarem Schaffen heraus. So ist das Ende derer, die wir als der Götter Lieblinge empfinden.

Wir überlebenden Freunde werden seiner in Liebe

und Verehrung gedenken, solange wir atmen. Das Häuflein derer, die Kunst wirklich lieben und verstehen, wird in steigendem Maße zu schätzen wissen, was er der Welt gegeben hat.

JUDEN UND JUDENTUM

48
Die Leistungen der deutschen Juden (1934)

Die nachfolgenden Seiten sind der Würdigung der Leistungen der deutschen Juden gewidmet. Man bedenke, daß es sich um eine Bevölkerung handelt, die der Zahl nach der Einwohnerschaft einer Stadt von mittlerer Größe entspricht, einer Bevölkerung, die sich einer hundertfach überlegenen Zahl der Deutschen gegenüber trotz Benachteiligung und Vorurteil durch eine Überlegenheit alter kultureller Traditionen durchgesetzt hat. Mag man diesem Völkchen wie immer gegenüberstehen – die Achtung wird ihm keiner versagen können, der sich in diesen Zeiten der Verwirrung ein gesundes Urteil bewahrt hat. Gerade in dieser Zeit der Verfolgung der deutschen Juden muß ausgesprochen werden, daß die abendländische Welt dem jüdischen Volke einerseits ihre Religion und damit ihre wertvollsten sittlichen Ideale, andrerseits zum großen Teil die Wiederbelebung der griechischen Geisteswelt verdankt. Auch darf nicht vergessen werden, daß die deutsche Sprache einer Übersetzung der Bibel, also einer Übersetzung aus dem Hebräischen, ihre feinere Ausgestaltung zu verdanken hat. Der Gedanke an das, was die deutschen Juden auch in moderner Zeit für die Menschheit geschaffen und erkämpft haben, mag für sie in dieser Zeit den schönsten Trost geben, und keine noch so brutale

Unterdrückung und keine noch so raffinierte Verleumdung wird die Sehenden darüber täuschen, was für geistige und moralische Werte in diesem Volke stecken.

49
Über die Schicksalsverbundenheit der Juden (1934)

Wenn wir als Juden aus dieser politisch so unerfreulichen Zeit etwas lernen können, so ist es die Tatsache unserer Schicksals-Verbundenheit, die wir in Zeiten ruhigen und gesicherten Lebens oft so leicht und gerne vergessen. Wir sind gewohnt, zu viel Wert zu legen auf das, was die Juden verschiedener Länder und verschiedener religiöser Auffassungen voneinander trennt. Dabei vergessen wir oft, daß es jeden von uns angeht, wenn irgendwie feindselig und ungerecht gegen Juden verfahren wird, wenn von Politikern mit weitem Gewissen das alte, ursprünglich religiöse Vorurteil gegen uns mobil gemacht wird, um auf unserem Rücken politische Geschäfte zu machen. Es geht schon deshalb jeden von uns an, weil derartige Leidenschaften und psychotische Störungen der Volksseele an keinem Ozean und keiner Landesgrenze haltmachen, sondern sich ähnlich verhalten wie die Wirtschaftskrisen und Epidemien.

50
Moses Maimonides (1935)

Es liegt etwas Erhabenes darin, wenn die Menschen in Eintracht das Andenken eines Mannes feiern, dessen Wirken sieben Jahrhunderte zurückliegt. Wir empfinden dies um so stärker in einer Zeit, in welcher Leidenschaft und Kampf mehr als gewöhnlich den Einfluß vernünftiger Überlegung und abwägender Gerechtigkeit verdunkeln. Im Getriebe des Alltags ist unser Blick getrübt durch unsere Wünsche und Leidenschaften, und die Stimme der Vernunft und Gerechtigkeit ist fast unhörbar in dem wirren Getöse des Kampfes aller gegen alle. Das Getöse jener lange vergangenen Zeit aber ist längst verstummt, und es bleibt von ihr kaum *mehr* übrig als das dankbare Andenken an die wenigen, die auf die Zeitgenossen, und damit auch auf die späteren Generationen, entscheidend und segensreich gewirkt haben. Ein solcher Mensch war Maimonides.

Nach der Zerstörung der antiken Kultur Europas durch germanische Barbarenvölker entströmte allmählich wieder neues und feineres kulturelles Leben aus zwei Quellen, die bei der allgemeinen Zerstörung nicht völlig verschüttet worden waren – der jüdischen Bibel und der griechischen Philosophie und Kunst. Die Vereinigung dieser beiden so verschiedenen Quellen steht am Anfange unserer gegenwärtigen Kulturperiode, und aus dieser Vereinigung entsprang direkt oder indirekt alles, was den wirklichen Wert unseres heutigen Daseins ausmacht.

Maimonides war eine jener starken Persönlichkeiten, die durch ihre Schriften und durch ihr menschliches Wirken jene Synthese zustande brachten und so die spätere Entwicklung vorbereiteten. Wie dies geschah, werden wir an diesem Abend von Freunden erzählt bekommen, die in der Geschichte jener Zeit, in Maimonides' Lebenswerk und in die europäische Geistesgeschichte, durch ihre Studien tiefer eingedrungen sind als ich.

Möge diese Stunde dankbarer Erinnerung dazu beitragen, daß in uns die Liebe und Wertschätzung für die in heißem Ringen erworbenen Güter unserer Kultur gestärkt werden. Dann wird unser Kampf um deren Erhaltung gegen die heutigen Mächte der Finsternis und Barbarei zum guten Ende führen.

51
Über die geistige Einstellung des Judentums (1936)

Ein Gefühl lebhafter Freude erfüllt mich, daß ich heute meinen Beitritt zu Ihrer Gemeinschaft vor dieser Versammlung bekunden kann.

Erstens ist gegenwärtig eine Zeit, in der ein Zusammenschluß philosophischer Menschen, d. h. von Freunden der Weisheit und der Wahrheit, besonders nötig erscheint. Denn unsere Zeit hat zwar mehr Wissen gesammelt als je eine vergangene. Aber jene Liebe zur Einsicht und Wahrheit, welche die Geister in der Renaissance beflügelte, ist erkaltet und hat einem nüchternen Spezialistentum Platz gemacht, das mehr in den materiellen als in den geistigen Sphären der Gesellschaft wurzelt. Aber solche Gemeinschaften wie die Ihrige sind ausschließlich geistigen Zielen gewidmet.

Zweitens aber freue ich mich besonders, daß es eine *jüdische* Akademie ist, die mich heute in ihren Reihen aufnimmt. In den vergangenen Jahrhunderten klammerte sich die Judenheit ausschließlich an ihre moralische und geistige Tradition. Ihre Lehrer waren ihre einzigen Führer. Mit der Anpassung an ein größeres soziales Ganzes ist aber diese seelische Einstellung in den Hintergrund getreten, welcher das jüdische Volk auch heute noch seine unverwüstlich scheinende Lebenskraft verdankt. Wenn diese Lebenskraft zum Wohle der Menschheit erhalten werden soll, müssen wir an jener geistigen Einstellung zum Leben festhalten, welche stets die Quelle neuer Kraft gewesen ist und zur Entwicklung großer Persönlichkeiten geführt hat.

Der Tanz um das goldene Kalb ist nicht nur eine legendäre Episode in der Geschichte unserer Vorväter gewesen – eine Episode, die mir in ihrer Einfalt unschuldiger erscheint als jene totale Zuwendung zu materiellen und egoistischen Zielen, welche in unseren Tagen die Judenheit bedroht. In dieser Zeit ist eine Vereinigung derer, die sich um das geistige Erbe unseres Volkes scharen, von hoher Berechtigung. Dies gilt um so mehr für eine Gemeinschaft, welche von jeder historischen und nationalen Verengung ihres Standpunktes frei ist. Wir Juden sollen Träger und Förderer geistiger Werte sein und bleiben. Wir sollen aber auch stets uns der Tatsache bewußt sein, daß dies Geistige gemeinsamer Besitz und gemeinsames Ziel der ganzen Menschheit ist und stets gewesen ist.

52
Antisemitismus (1938)

Um die hauptsächlichste Triebfeder des politischen Antisemitismus klar hervortreten zu lassen, erzähle ich zunächst eine alte Fabel in etwas abgeänderter Form.

Der Hirtenknabe sagte zum Pferde: Du bist das herrlichste Tier auf der Erde und verdienst, in ungetrübtem Glück zu leben. Dein Glück wäre ungetrübt, wenn der heimtückische Hirsch nicht wäre. Dieser aber übt sich von Jugend auf, um schneller laufen zu lernen als du. Seine Fähigkeit, schneller laufen zu können, ermöglicht es ihm, früher als du an die Stellen zu gelangen, wo es Wasser gibt. Er und die Seinen saufen dir allenthalben das Wasser weg, so daß du mit deinen Kindern verdursten sollst. Vertraue dich mir an! Ich will dich und deinesgleichen durch meine Klugheit und Führung aus deiner traurigen und unwürdigen Lage befreien.

Das Pferd, von Neid und Haß gegen den Hirsch geblendet, willigt ein. Es läßt sich vom Hirtenknaben den Zaum anlegen, verliert seine Freiheit und wird der Sklave des Hirten.

In dieser Fabel, wie sie hier gemeint ist, repräsentiert das Pferd das Volk, der Hirtenknabe eine Klasse oder Clique, welche die völlige Herrschaft über das Volk anstrebt oder verteidigen will, der Hirsch aber die Juden.

Ich höre euch nun sagen: »Du hast uns hier eine recht unglaubhafte Fabel erzählt. Kein Geschöpf wird so dumm sein wie das Pferd in deiner Geschichte.« Aber ich sage euch: denkt ein wenig tiefer nach. Das Pferd hat viel unter Durst gelitten und seine Eitelkeit war manchmal dadurch gekränkt, daß es einen Hirsch behender und schneller laufen sah, als es selbst zu laufen vermochte. Ihr aber habt diesen Ärger und diesen Schmerz des Pferdes nicht erlebt und könnt deshalb nicht verstehen, daß es in solchen Haß und solche Blindheit getrieben werden konnte, daß es so unüberlegt, unzweckmäßig und kritiklos handeln mußte. Das Pferd aber war durch sein inneres Erleben auf eine solche Verirrung vorbereitet und fiel dadurch der Verführung zum Opfer. Deshalb sagt man mit Recht, es sei leicht, gerecht und klug zu denken für andere, schwer aber, gerecht und klug zu handeln in eigener Sache. Ich sage euch mit voller Überzeugung: Wir alle haben schon oft die lamentable Rolle des Pferdes gespielt und sind beständig in Gefahr, von neuem Opfer ähnlicher Verführungen zu werden.

Die in der alten Fabel beleuchtete Situation kehrt im Leben der Individuen und Völker beständig wieder. Sie kann kurz charakterisiert werden als die Ablenkung des Unbehagens und des Hasses einer Person oder Gruppe auf einen Dritten, der nicht in der Lage ist, sich wirksam zu verteidigen. Warum fiel aber den Juden oft die Rolle des Hirsches in der Fabel zu? Warum geschah es so oft, daß gerade sie es waren, auf welche der Haß der Menge abgelenkt wurde? Zunächst weil es unter nahezu allen Völkern Juden gibt, und weil sie allenthalben nicht genügend zahlreich sind, um sich gegen gewalttätigen Angriff mit Aussicht auf Erfolg wehren zu können.

Ein paar Beispiele aus der jüngsten Vergangenheit: Als gegen Ende des 19. Jahrhunderts die Unzufriedenheit des russischen Volkes mit seiner tyrannischen Regierung sich noch durch schwere außenpolitische Mißerfolge in gefährlicher Weise gesteigert hatte, suchten die Machthaber die Unzufriedenheit des Volkes dadurch abzulenken, daß sie dieses zu Haß und Gewalttat gegen die Juden entflammte. Dasselbe tat die russische Regierung, nachdem sie eine gefährliche Revolution im Jahre 1905 blutig niedergeschlagen hatte. Dies Manöver mag wohl zur Stabilisierung des verhaßten Regimes beigetragen haben, so daß dessen Sturz bis gegen Ende des Weltkrieges hinausgezögert wurde.

Als die Deutschen den von ihrer herrschenden Klasse angezettelten Weltkrieg verloren hatten, wurde sofort, und mit ausgesprochenem Erfolg, versucht, die Schuld an der Anstiftung des Krieges und an der Niederlage den Juden zuzuschieben. Der gegen die Juden erzeugte Haß schützte nicht nur die privilegierte Klasse, sondern ermöglichte es zudem einer skrupellosen, verwegenen kleinen Gruppe, das deutsche Volk in den Zustand völliger Knechtschaft zu versetzen.

Die gegen die Juden im Laufe der Geschichte erhobenen Anklagen, welche die gegen sie verübten Greuel begründen sollten, wechselten in bunter Folge. Bald sollten sie Brunnen vergiftet, bald Kinder zu rituellen Zwecken ermordet haben. Man dichtete ihnen einen systematischen Versuch an, auf ökonomischem Wege die Menschheit zu beherrschen und auszubeuten. Man schrieb pseudo-wissenschaftliche Bücher, um sie als minderwertige, gefährliche Rasse zu stempeln. Es wurde ihnen nachgesagt, daß sie Revolutionen und Kriege aus selbstsüchtigen Motiven angezettelt hätten. Man stellte sie dar als gefährliche Neuerer und zugleich als wirklichen Fortschritt hemmend. Man warf ihnen vor, daß sie durch täuschende Anpassung an die Lebensform einer Nation deren Lebensinhalt verfälschen, und bezichtigte sie im selben Atemzuge einer trotzigen Starrheit, die ihre Einfügung in eine Gesellschaft unmöglich mache.

Schier unübersehbar sind die verwendeten Anklagen, deren Unwahrheit zwar den Anstiftern jeweilig klar bewußt war, die aber immer wieder auf die Massen wirkten. Denn die Menschen neigen in Zeiten der Unruhe und Aufregung zu Haß und Grausamkeit, während in ruhigen Zeiten diese Züge der menschlichen Natur verhüllt zutage treten.

Bisher habe ich über die auf Grund des Antisemitismus gegen die Juden in Szene gesetzten Bedrückungen und Gewaltmaßnahmen gesprochen, nicht aber über den Antisemitismus selbst, wie er als psychisches und soziales Phänomen auch in solchen Zeiten und Verhältnissen besteht, in denen keine besondere Aktion gegen die Juden unternommen wird. Man kann in diesem Sinne von latentem Antisemitismus reden. Worauf beruht dieser? Ich glaube, man kann ihn sogar in gewissem Sinne zu den normalen Erscheinungen im Volksleben rechnen.

Ein Volk wäre nämlich nur dann frei von antagonistischen Strömungen zwischen seinen Gruppen, wenn es in ihm unterscheidbare Gruppen überhaupt nicht gäbe, das heißt, wenn nicht Individuen eines Volksteils enger miteinander verknüpft wären als mit den übrigen Volksgenossen. Ich glaube, daß eine derartige Homogenisierung einer Bevölkerung auch dann nicht erstrebenswert wäre, wenn sie erreichbar wäre. Gemeinsame Überzeugungen und Ziele, gleichartige Interessen werden immer und in jeder Gesellschaft Gruppen hervorbringen, die in gewissem Sinne einheitlich wirken. Zwischen solchen Gruppen gibt es immer Reibungen, Abneigungen und Rivalitäten wie auch zwischen einzelnen Individuen selbst. Am einleuchtendsten ist die Notwendigkeit der Gruppierung in der Politik, die Bildung von Parteien. In einem Staate ohne Parteien würde das politische Interesse der Bürger erlahmen. Es gäbe kein Forum für den Wettstreit der Meinungen, da das Individuum in seiner Isolierung seine Überzeugung nicht zur Geltung bringen könnte. Auch reifen und erstarken die politischen Überzeugungen erst durch die gegenseitigen Anregungen und Kritik, welche Individuen ähnlicher Anlage und ähnlichen Zieles einander bieten. Ähnlich wie in der Politik ist es aber auf jedem Gebiete unserer kulturellen Existenz. So ist es eine anerkannte Tatsache, daß in Zeiten starken religiösen Lebens sich verschiedene Sekten zu bilden pflegen, deren gegenseitiger Wettstreit wieder befruchtend auf das religiöse Leben der Gesamtheit zurückwirkt. Auch ist wohl bekannt, daß Zentralisierung, das heißt Aufhebung der selbständigen Gruppen des wissenschaftlichen und künstlerischen Lebens, zu Einseitigkeit und Sterilität führt, weil solche Zentralisierung den Wettstreit der Meinungen und Forschungsrichtungen erschwert oder gar unterdrückt.

Die Bildung einzelner Gruppen wirkt auf allen Gebieten menschlichen Strebens lebensfördernd, nicht zuletzt durch den gegenseitigen Kampf der durch verschiedene Gruppen verkörperten Überzeugungen und Ziele.

Eine solche Gruppe von bestimmtem Gepräge bilden auch die Juden, und die durch sie produzierte antagonistische Einstellung der nicht-jüdischen Menschen ist eben der Antisemitismus. Es ist eine normale soziale Reaktion, die ohne den auf sie gegründeten Mißbrauch überhaupt niemals mit einem besonderen Namen bezeichnet worden wäre.

Was charakterisiert nun aber die jüdische Gruppe? Was ist überhaupt ein Jude? Auf diese Frage gibt es keine kurze Antwort. Die nächstliegende Antwort wäre folgende: Ein Jude ist eine Person, die sich zu der jüdischen Religion bekennt. Die Oberflächlichkeit dieser Antwort erkennt man sehr hübsch an einem kleinen Vergleich. Wir stellen die Frage: Was ist eine Schnecke? Eine der obigen analoge Beantwortung dieser Frage wäre etwa diese: Eine Schnecke ist ein Tier, welches in einem Schneckenhaus wohnt. Diese Antwort ist zwar nicht ganz falsch, aber gewiß auch nicht erschöpfend. Denn das Schneckenhaus ist ja nur eines der stofflichen Erzeugnisse der Schnecke; analog ist die jüdische Religion nur eines der charakteristischen Erzeugnisse der jüdischen Gemeinschaft. Es ist ferner bekannt, daß eine Schnecke sich von ihrem Haus loslösen kann, ohne dadurch aufzuhören, eine Schnecke zu sein. Bei dem Juden, der seine Religion (im formalen Sinne des Wortes) verläßt, verhält es sich ähnlich – er bleibt ein Jude. Eine analoge Schwierigkeit stellt sich immer ein, wenn man das Wesen irgendeiner Volksgruppe zu erklären versucht. Was soll z. B. ein Amerikaner antworten, wenn man ihn fragt, was eigentlich ein »Republikaner« (im Gegensatz zum »Demokraten«) sei? Die Antwort, es sei eine Person, die sich zur republikanischen Partei bekennt, dürfte wenig befriedigen. In Wahrheit kann der Fragesteller nur dadurch befriedigt werden, daß man ihm die wesentlichen Ziele und Interessen auseinandersetzt, welche diese Partei vertritt. So ist es bei jeder sozialen Gruppe, also auch bei der Judenheit.

Was die Juden verbindet und seit Jahrtausenden verbunden hat, ist in erster Linie das demokratische Ideal der sozialen Gerechtigkeit und die Idee der Pflicht zur gegenseitigen Hilfe und Duldsamkeit aller Menschen untereinander. Dies soziale Ideal durchdringt schon die ältesten religiösen Schriften der Juden und hat durch das Christentum und die mohammedanische Religion mächtig und wohltätig auf die soziale Gestaltung eines großen Teiles der Menscheit eingewirkt. Es sei hier auch der Einführung des wöchentlichen Ruhetags gedacht, einer unermeßlichen Wohltat für alle Menschen. Persönlichkeiten wie Moses, Jesus, Spinoza, Karl Marx, so verschieden sie auch sein mögen, sie alle lebten und opferten sich für das Ideal der sozialen Gerechtigkeit. Sie wurden auf diesen dornenvollen Weg durch die Tradition ihrer Väter geführt. Die einzigartigen Leistungen der Juden auf dem Gebiete der Wohltätigkeit entstammen derselben Quelle.

Der zweite charakteristische Zug der jüdischen Tradition ist die hohe Wertschätzung jeder Art intellektuellen Strebens und geistiger Arbeit. Dieser hohen Wertung der Erkenntnis allein ist es nach meiner Überzeugung zuzuschreiben, daß die Juden an den Fortschritten der Erkenntnis im weitesten Sinne des Wortes in einem Maße mitgewirkt haben, das im Hinblick auf ihre verhältnismäßig geringe Zahl und auf die bedeutenden äußeren Hemmungen, die ihnen stets und allenthalben im Wege standen, die Anerkennung aller ehrlichen Menschen verdient. Nach meiner Überzeugung ist dies nicht auf einen besonderen Reichtum an Begabungen zurückzuführen, sondern darauf, daß die Wertschätzung der geistigen Leistung unter den Juden eine Atmosphäre schafft, die der Entwicklung der vorhandenen Begabungen besonders günstig ist. Dabei herrscht ein kritischer Geist vor, der es verhindert, daß irgendeiner menschlichen Autorität blinde Gefolgschaft geleistet wird.

Ich beschränke mich hier auf diese zwei traditionellen Züge, welche mir als die wesentlichen erscheinen. Diese Wertungen und Ideale äußern sich im Kleinen und im Großen. Sie werden von den Eltern auf die Kinder übertragen, geben dem Gespräch und Urteil im Freundeskreis ihre Richtung, erfüllen die religiösen Schriften und geben dem Gemeinschaftsleben der Gruppe sein charakteristisches Gepräge.

Hierin sehe ich das Wesentliche des jüdischen Wesens seinem eigentlichen Ideale nach. Daß das Ideal in der Gruppe – so wie sie tatsächlich dahin lebt – nur unvollkommen realisiert ist, versteht sich von selbst. Es bleibt aber nur der Weg der Idealisierung, wenn man in Kürze das Charakteristische aussprechen will.

Im vorstehenden haben wir die Judenheit als eine Traditionsgemeinschaft aufgefaßt. Andererseits ist aber von Freund und Feind oft behauptet worden, daß die Juden eine Rasse repräsentieren; ihr charakteristisches Verhalten sei durch angeborene Qualitäten bedingt, die sich durch *Vererbung* von einer Generation auf die nächste übertragen. Diese Meinung war dadurch ermöglicht, daß die Juden seit Jahrtausenden vorwiegend innerhalb ihrer Gruppe heirateten. Dies Verhalten kann wohl eine einheitliche Rasse *erhalten*, wenn sie anfänglich besteht – aber nicht Einheitlichkeit der Rasse *erzeugen*, wenn ursprünglich eine Rassenmischung vorliegt. Letzteres ist aber zweifellos bei den Juden ebenso der Fall, wie bei allen anderen Gruppen unseres Kulturkreises. Hierin sind sich die ehrlichen Anthropologen einig; die gegenteiligen Behauptungen gehören alle der politischen Propaganda an und sind entsprechend zu werten.

Die im vorgehenden kurz charakterisierte Gruppe der

Juden umfaßt etwa 16 Millionen Menschen, also weniger als ein Prozent der Menschheit, etwa halb soviel wie z. B. die Bevölkerung des heutigen Polen. Ihre Bedeutung als politischer Faktor ist verschwindend gering. Sie ist über nahezu die ganze Erde zerstreut und ist als Ganzes in keiner Weise organisiert, also zu keiner einheitlich geführten Aktion irgendwelcher Art befähigt.

Würde aber jemand versuchen, sich über die Juden aus den Äußerungen ihrer Feinde eine Vorstellung zu bilden, so müßte er zu der Meinung kommen, daß sie eine Weltmacht repräsentieren. Dies erscheint auf den ersten Blick geradezu lächerlich. Und doch steckt meiner Ansicht nach ein gewisser Sinn dahinter. Zwar sind die Juden als Gruppe ohnmächtig, aber die Summe der Leistungen ihrer Individuen ist allenthalben erheblich und wirkungsvoll, obwohl diese Leistungen unter erschwerenden Umständen zustande kommen. Der in der Gruppe lebendige Geist aber ist es, der die im Individuum schlummernden Kräfte mobilisiert und dieses zu hingebender Arbeit anregt. Daher stammt der Judenhaß derer, welche die Volksaufklärung zu scheuen haben; sie fürchten das Wirken geistig selbständiger Individuen mehr als alles andere in der Welt. Hierin sehe ich die wesentliche Ursache für den grimmigen Judenhaß, der sich im gegenwärtigen Deutschland austobt. Für die Nazi-Gruppe sind die Juden nicht *nur* ein Mittel, den Groll des Volkes von sich selbst, den Unterdrückern, abzulenken. Sie sehen in den Juden auch ein nichtassimilierbares Element, das nicht zu kritiklosem Glauben gebracht werden kann und deshalb – solange es überhaupt noch vorhanden ist – die Autorität der Nazi-Gruppe durch Aufklärung der Massen bedroht. Daß diese Auffassung das Wesentliche trifft, wird überzeugend dargetan durch die feierliche Prozedur der Bücher-Verbrennung, welche das Nazi-Regime kurz nach seiner Machtergreifung inszenierte. Dieser vom politischen Standpunkt sinnlose Akt kann nur als spontane Gefühlsäußerung begriffen werden und scheint mir daher aufschlußreicher zu sein als praktisch wichtigere Akte, die zweckbedingt waren.

Es hat sich auf dem politisch-sozialen Gebiete ein berechtigtes Mißtrauen gegen zu weit getriebene Verallgemeinerungen herausgestellt. Wird das Denken durch solche Verallgemeinerungen zu sehr beherrscht, so kommt man leicht dazu, die kausalen Zusammenhänge allgemeinen Ideen zuliebe fallen zu lassen und der Mannigfaltigkeit des Geschehens nicht gerecht zu werden. Andererseits bedeutet aber Verzicht auf Verallgemeinerung Verzicht auf Verstehen überhaupt. Deshalb glaube ich, daß man Verallgemeinerungen wagen darf und soll, wenn man sich aller Unsicherheit dauernd bewußt bleibt. In diesem Sinn will ich in aller Bescheidenheit sagen, wie ich den Antisemitismus vom Standpunkt einer allgemeinen Betrachtungsweise auffasse.

Ich sehe im politischen Geschehen zwei gegensätzliche Tendenzen am Werke, die beständig gegeneinander kämpfen. Die erste, optimistische Tendenz geht von dem Glauben aus, daß die freie Entfaltung der produktiven Kräfte der Individuen und Gruppen im wesentlichen zu einem befriedigenden Zustande der Gesellschaft führt. Sie anerkennt zwar die Notwendigkeit einer über den Gruppen und Individuen stehenden Zentralgewalt, billigt ihr aber nur organisatorische und regulierende Funktionen zu. Die zweite, pessimistische Tendenz nimmt an, daß das freie Walten der Individuen und Gruppen zu einer Zerstörung der Gesellschaft führe; sie will daher letztere ausschließlich auf Autorität, blinden Gehorsam und Gewalt stützen. Diese Tendenz ist also eigentlich nur bedingt pessimistisch; denn sie ist optimistisch in bezug auf diejenigen, welche Träger der Autorität und Gewalt sein sollen und wollen. Die Anhänger der zweiten Tendenz sind die Gegner der freien Gruppen und der Erziehung zum unabhängigen Denken. Sie sind auch die Träger des politischen Antisemitismus.

Hier in Amerika huldigen alle mit ihren Worten der ersten, optimistischen Tendenz. Aber trotzdem ist die zweite Gruppe mächtig vertreten. Sie tritt ja allenthalben meist mit verhülltem Antlitz auf den Plan. Hier erstrebt sie die politische und geistige Herrschaft einer Minderheit über Menschen auf dem Umwege über die Kontrolle der wirtschaftlichen Produktionsmittel. Ihre Träger haben auch schon versucht, sich des politischen Antisemitismus sowie der Bekämpfung einzelner Gruppen als eines Mittels zu bedienen. Sie werden es auch in Zukunft versuchen. Bisher sind diese Bestrebungen an dem gesunden politischen Instinkt des Volkes gescheitert.

Auch in Zukunft wird es so bleiben, wenn an dem Grundsatz festgehalten wird: Hütet Euch vor den Schmeichlern, besonders wenn sie Haß predigen.

53
Die Verfolgung der Juden (1939)

Die Geschichte der Verfolgungen, denen das jüdische Volk ausgesetzt gewesen ist, ist fast unübersehbar. Was aber heute in Mitteleuropa gegen uns unternommen wird, ist doch von ganz besonderer Art. Früher nämlich verfolgte man uns, *trotzdem* wir das Volk der Bibel waren; heute aber verfolgt man uns, *weil* wir das Volk der Bibel sind. Man will mit uns zusammen den Geist ausrotten, der durch das Medium der Bibel und des Christentums die Entwicklung der Zivilisation im mittleren und nördlichen Europa erst möglich gemacht hat. Gelingt dies, so wird Europa in eine Wüste verwandelt werden. Denn menschliches Zusammenleben läßt sich auf die Dauer nicht auf rohe Gewalt gründen.

Nur Verständnis für den Nächsten, Gerechtigkeit und Hilfsbereitschaft gegenüber den Mitmenschen können eine menschliche Gesellschaft auf die Dauer erhalten und dem Individuum Sicherheit gewähren. Weder Intelligenz noch Erfindungen noch Institutionen können diese wichtigsten menschlichen Qualitäten ersetzen. Ihre Pflege bildet den wichtigsten Teil der Erziehung.

Viele jüdischen Gemeinden wurden entwurzelt infolge der gegenwärtigen Zustände in Europa. Hunderttausende von Männern, Frauen und Kindern wurden von ihren Wohnstätten vertrieben und wandern in Verzweiflung durch die Welt. Die gegenwärtige Tragödie des jüdischen Volkes ist eine Tragödie, die den Fortbestand der modernen Zivilisation bedroht.

Eine besondere tragische Folge der Unterdrückung der Juden und anderen Gruppen ist die Entwicklung einer »Flüchtlings-Klasse«. Viele hervorragende Männer und Frauen der Wissenschaft, Kunst und Literatur haben ihre Heimat verloren, die sie durch wertvolle Arbeit befruchtet und bereichert hatten. In einer Zeit wirtschaftlichen Niedergangs können diese Flüchtlinge, von denen viele ausgezeichnet ausgebildete, wissenschaftliche und industrielle Fachleute sind, zur Belebung der Wirtschaft und zur Förderung des Fortschritts in der Welt beitragen. Sie werden in der Lage sein, durch die Förderung von neuen Arbeitsmöglichkeiten für die einheimische Bevölkerung ihrer Gastländer sich für die Aufnahme in hilfsbereiten Nationen erkenntlich zu zeigen. Man hat mir berichtet, daß die Aufnahme von Flüchtlingen zur Wiederbeschäftigung von 15000 Personen in England geführt hat.

Als einer der ehemaligen Staatsbürger Deutschlands, die glücklicherweise dieses Land rechtzeitig verlassen konnten, spreche ich sicherlich im Namen der vielen Flüchtlinge, sowohl hier wie in anderen Ländern, wenn ich den Demokratien der Welt für das außerordentliche Interesse danke, mit dem wir dort aufgenommen worden sind. Jeder einzelne von uns ist unserer neuen Heimat zu Dank verpflichtet, und jeder einzelne von uns wird sein Äußerstes tun, um unsere Dankbarkeit durch die Qualität unserer Mitarbeit an den wirtschaftlichen, sozialen und kulturellen Aufgaben derjenigen Länder zu beweisen, in denen wir jetzt wohnen.

Es ist jedoch eine Quelle größter Sorge, daß die Zahl der Flüchtlinge sich dauernd vergrößert. Gerade die Ereignisse der letzten Woche haben es wahrscheinlich gemacht, daß mehrere hunderttausend Bewohner der Tschechoslowakei Flüchtlinge werden. Wir erleben wieder einmal die Tragödie einer jüdischen Gemeinschaft, die eine vornehme Tradition von Demokratie und Gemeinsinn gepflegt hatte.

Wenn das jüdische Volk durch Jahrtausende fortbestehen konnte, so verdankt es diese Widerstandskraft dem Festhalten an den in der Bibel festgelegten Lehren über das gegenseitige Verhalten der Menschen. In diesen Jahren der Drangsal wird die gegenseitige Hilfsbereitschaft auf eine harte Probe gestellt. Sorge jeder dafür, daß wir uns bewähren, wie sich auch unsere Väter bewährt haben. Wir haben kein anderes Mittel zu unserer Verteidigung als unsere Solidarität und das Bewußtsein, daß das, wofür wir leiden, eine wichtige und heilige Sache ist.

54
Das wahre Ziel menschlichen Zusammenlebens (1943)

Unsere Zeit ist stolz darauf, daß sie es weit gebracht hat in der intellektuellen Entwicklung der Menschen. Das Streben nach Wahrheit und Erkenntnis gehört zum Schönsten, dessen der Mensch fähig ist, wenn auch der Stolz auf dieses Streben meist im Munde derjenigen ist, die am wenigsten von solchem Streben erfüllt sind. Auch sollen wir uns wohl davor hüten, den Intellekt zu unserem Gotte zu erheben; er hat zwar gewaltige Muskeln aber keine Persönlichkeit. Er kann nicht führen, sondern nur dienen, und er ist nicht wählerisch in der Wahl seines Herrn. Diese Eigenschaft spiegelt sich auch in der Eigenart seiner Priester, der Intellektuellen.

Der Intellekt hat ein scharfes Auge für Mittel und Werkzeuge, ist aber blind für Ziele und Werte. So ist es kein Wunder, wenn sich diese verhängnisvolle Art der Blindheit auch auf seine Jünger, ja auf unsere ganze Generation übertagen hat.

Unsere jüdischen Vorfahren, die Propheten und die alten chinesischen Weisen haben klar erkannt und ausgesprochen, daß die Setzung und Befestigung des Zieles für die Gestaltung unseres menschlichen Daseins das Wichtigste ist; das Ziel aber ist eine Gemeinschaft froher und freier Menschen, die in ständigem inneren Streben sich von der Erbschaft antisozialer, destruktiver Triebe zu befreien trachten. In den Dienst solchen Strebens gestellt, wird der Intellekt zum mächtigsten Helfer. Die Früchte intellektuellen Strebens zusammen mit dem Streben selbst werden im Verein mit künstlerischem Schaffen dem Leben Inhalt und Sinn verleihen.

Einstweilen aber herrschen in dieser Menschenwelt die rohen Leidenschaften ungehemmter als je. Unser jüdisches Volk, allenthalben eine kleine Minorität ohne

Mittel des Selbstschutzes durch Anwendung von Gewalt, ist den schwersten Leiden, ja völliger Vernichtung in schlimmerem Maße ausgesetzt als irgendein anderes Volk der Erde. Der gegen uns wütende Haß gründet sich gerade darauf, daß wir das Ziel der harmonischen Gemeinschaft und des gleichen Rechts aller Menschen hochgehalten haben, und daß diese Haltung in Wort und Tat bei den Besten unseres Volkes immer wieder eindringlichen Ausdruck gefunden hat.

Verbrecherischer, skrupelloser Verfolgung ausgesetzt haben wir für uns das Bewußtsein, dem wahren Ziele aller Menschen zu dienen. Es kann heute für einen Juden keine höhere Pflicht geben, als mit all seinen Kräften denen seiner Genossen zu helfen, zu denen unsere Hilfe gelangen kann. Ich habe zu meiner großen Genugtuung an unzähligen Beispielen gesehen, daß das vom United Jewish Appeal gestützte Rettungswerk vortrefflich organisiert und allenthalben von größter Bedeutung für die Erhaltung unseres Volkes ist. Helft, den Körper unseres Volkes retten, damit sein Geist weiterwirken kann zum Heile der Menschen.

55
Nachruf auf die Helden des Ghettos in Warschau (1944)

Sie kämpften und fanden den Tod als Glieder der jüdischen Nation im Kampf gegen die organisierten Mörderbanden der Deutschen. Für uns sind diese Opfer eine Stärkung des Bandes, das uns Juden aller Länder verbindet. Eins sollen wir sein im Leiden und im Streben nach einer besseren menschlichen Gesellschaft, die unsere Propheten mit solcher Wucht und Klarheit als wichtigstes Ziel hingestellt haben.

Die Deutschen als ganzes Volk sind für diese Massenmorde verantwortlich und müssen als Volk dafür gestraft werden, wenn es eine Gerechtigkeit in der Welt gibt, und wenn das Bewußtsein der Völker für kollektive Verantwortlichkeit nicht vollends untergehen soll. Hinter der Nazipartei steht das deutsche Volk, das Hitler gewählt hat, nachdem er ihm seine schändlichen Absichten in nicht mißzuverstehender Form in seinem Buche und in seinen Reden allgemein bekanntgemacht hatte. Die Deutschen sind das einzige Volk, in dem es nicht zu einer einigermaßen wirksamen Gegenaktion zum Schutze der unschuldig Verfolgten gekommen ist. Wenn sie vollends besiegt sind und, wie nach dem letzten Kriege, über ihr Schicksal jammern, soll man sich nicht ein zweites Mal täuschen lassen, sondern sich daran erinnern, daß sie die Menschlichkeit der andern voll bewußt benutzt haben, um ihr letztes und schwerstes Verbrechen gegen die Menschheit vorzubereiten.

56
Das Schicksal des jüdischen Volkes (1945)

Das jüdische Volk hat durch die Katastrophe der letzten Jahre prozentual mehr verloren als jedes andere der betroffenen Völker. Soll also wirklich nach einem gerechten Ausgleich gestrebt werden, so muß das jüdische Volk also auch bei der Reorganisation des Friedens eine besondere Berücksichtigung finden. Die Tatsache, daß die Juden im formal politischen Sinne nicht als Nation anzusehen sind, insofern sie kein Land und keine Regierung besitzen, sollte kein Hindernis sein. Denn die Juden sind als einheitliche Gruppe behandelt worden, wie wenn sie eine Nation wären; ihr Status als einheitliche politische Gruppe ist durch das Verhalten ihrer Feinde als Tatsache erwiesen worden. Deshalb sollten sie auch bei dem Streben nach einer Stabilisierung der internationalen Verhältnisse so berücksichtigt werden, wie wenn sie eine Nation im üblichen Sinne des Wortes wären.

Noch etwas muß in diesem Zusammenhang betont werden. Die Existenz der Juden in Teilen Europas dürfte auf Jahre hinaus unmöglich sein. Die Juden haben durch Jahrzehnte harter Arbeit und durch freiwillig finanzielle Beihilfe des ganzen Volkes palästinensischen Boden wieder tragfähig gemacht. All diese Opfer sind gebracht worden im Vertrauen auf das nach dem letzten Kriege von den in Betracht kommenden Regierungen offiziell sanktionierte Versprechen, daß dem jüdischen Volk in seiner alten Heimat Palästina eine gesicherte Heimstätte gegeben werden soll. Die Erfüllung dieses Versprechens ist – um es gelinde zu sagen – nur zögernd und unvollständig gewesen. Nun, nachdem die Juden – besonders die palästinensischen – sich auch in diesem Kriege in hohem Maße verdient gemacht haben, muß auf dies Versprechen mit Nachdruck hingewiesen werden; es muß gefordert werden, daß Palästina im Rahmen seiner ökonomischen Kapazität der jüdischen Einwanderung geöffnet werde. Sollen die übernationalen Institutionen jenes Vertrauen erwerben, welches für ihren Bestand die wichtigste Stütze bilden muß, so muß vor allem gezeigt werden, daß diejenigen nicht betrogen werden, welche im Vertrauen auf diese Institutionen die schwersten Opfer gebracht haben.

Dies Buch ist eine Sammlung dokumentarisch begründeten Materials über das systematische Vernichtungswerk, durch welches die deutsche Regierung einen großen Teil des jüdischen Volkes hingemordet hat. Die Verantwortung für die Wahrheit der mitgeteilten Tatsachen tragen die jüdischen Organisationen, welche das vorliegende Werk in gemeinsamer Arbeit geschaffen haben und hier der Öffentlichkeit übergeben.

Das Ziel dieser Publikation ist offenbar. Sie soll den Leser davon überzeugen, daß eine internationale Organisation für die Sicherung des Daseins nur dann ihren Zweck wirksam erfüllen kann, wenn sie sich nicht darauf beschränkt, Staaten gegen militärischen Überfall zu schützen, sondern ihren Schutz auch den nationalen Minderheiten innerhalb der einzelnen Staaten zukommen läßt. Denn schließlich ist es das einzelne Individuum, das vor Vernichtung und unmenschlicher Behandlung geschützt werden soll.

Es ist wahr, daß dieses Ziel nur erreicht werden kann, wenn das Prinzip der Nicht-Einmischung, das in den letzten Jahrzehnten eine so verhängnisvolle Rolle gespielt hat, über Bord geworfen wird. An der Notwendigkeit dieses folgenschweren Schrittes kann aber heute niemand mehr zweifeln. Denn selbst für jemanden, der nur die Erzielung eines Schutzes gegen militärische Überfälle von außen im Auge hat, muß es heute offenbar sein, daß die Katastrophen der Kriege durch gewisse Entwicklungen im Innern der einzelnen Länder vorbereitet werden, und zwar nicht nur durch militärische und kriegstechnische Vorbereitungen.

Erst wenn die Schaffung und Sicherung menschenwürdiger Existenzbedingungen für alle Menschen als eine gemeinsame Verpflichtung aller Staaten und Menschen anerkannt und empfunden wird, wird man mit einem gewissen Recht von einer zivilisierten Menschheit sprechen können.

In dem letzten Dezennium haben die Deutschen fast die Hälfte des jüdischen Volkes planmäßig hingemordet. Wir, die Überlebenden, haben die Tatsachen und Methoden dieses Massenmordes in einem Buche gesammelt, das nun der Menschenwelt übergeben wird. Dies

Buch soll ein Ankläger sein gegen das Volk, das zu solcher Bestialität herabgesunken ist. Es soll aber auch eine schaurige Warnung sein, gerichtet an alle Völker, die Zeugen des Verfalles menschlichen Gewissens und Verantwortlichkeits-Gefühles gewesen sind. Sind sie sich des Umstandes bewußt, daß sie diese Katastrophe hätten verhüten können, wenn sie nur ernsthaft gewollt hätten? Fühlen sie, daß auch sie sich so weit haben abstumpfen lassen, daß das Gefühl für die Heiligkeit des Lebens und die Unantastbarkeit der Person eine erschreckende Schwächung erfahren hat in der ganzen heutigen Menschheit? Wissen sie, daß das steigende Raffinement des Wissens und des technischen Könnens das lebendige Gefühl für Gerechtigkeit und Menschlichkeit nicht zu ersetzen vermag? Haben sie ihr Mögliches getan, um jene zu retten, die zu retten gewesen wären oder sogar noch gerettet werden könnten? Wissen sie, daß diese Menschheit dem Niedergang und raschem Verderben geweiht ist, wenn sie die Gesetze vergißt, auf deren Erfüllung allein die friedliche Existenz von Menschen in produktiver Gemeinschaft gegründet werden kann? Ist es ein Zufall, daß sich die Zerstörungswut gerade gegen das Volk richtete, von dem aus jene moralischen Gesetze in den westlichen Völkern verbreitet worden sind? Betroffen steht man vor dieser beklemmenden Frage. Heines trauriges Wort tönt mir ins Ohr: »Und ein Narr wartet auf Antwort.«

Hier stehen wir vor dem Massengrab. Die Überlebenden unseres Volkes haben in dem Buche, das nun erscheint, den Millionen Hingeopferter ein Denkmal gesetzt, daß sie und ihr Leiden und Sterben nicht dem Vergessen anheimfallen, sondern den Überlebenden als Warnung dienen. Was sollen wir? Den sinnlosen Macht- und Vernichtungswillen in uns selbst und anderen bekämpfen, uns um die Frage bemühen, wie die Menschen beschützt, innerlich und äußerlich befreit und zu harmonischem Streben erzogen werden können.

57
Gedenken an die Opfer unserer jüdischen Gemeinschaft (1948)

Das Denkmal, um welches Sie heute versammelt sind, soll ein äußeres Zeichen sein für unsere Trauer um den unersetzlichen Verlust, den unser gemartertes jüdisches Volk erlitten hat. Es soll auch eine Mahnung sein für uns Überlebende, unserem Volke und den von unseren Vätern hochgehaltenen sittlichen Grundsätzen treu zu sein. Nur durch solche Treue dürfen wir hoffen, diese Zeit des moralischen Verfalles zu überleben.

Je schlimmer die Menschen an einer Person oder an einem Volke sich vergangen haben, desto mehr hassen und verachten sie das Opfer. Die Selbstliebe und der falsche Stolz einer Nation lassen eine Reue für ihre Verbrechen nicht aufkommen. Die am Verbrechen Unbeteiligten aber haben kein Mitgefühl mit den Leiden der unschuldig Verfolgten und kein Bewußtsein einer menschlichen Solidarität. Das ist der Grund, warum die Reste der Judenheit in Europa in Konzentrationslagern schmachten und die schwach bevölkerten Länder der Erde ihre Tore gegen sie verschließen. Selbst die uns feierlich zugesicherten Rechte auf eine nationale Heimstätte in Palästina werden verraten. In dieser Zeit des moralischen Tiefstandes, in der wir leben, hat die Stimme der Gerechtigkeit keine Gewalt mehr über die Menschen.

Lasset uns dies mit aller Klarheit erkennen und nie vergessen, daß gegenseitige Hilfe und die Pflege eines lebendigen Zusammenhanges zwischen den Juden aller

Länder in der gegenwärtigen Situation unser einziger, materieller und moralischer Schutz ist. Für die Zukunft aber liegt unsere Hoffnung in einer Überwindung des allgemeinen moralischen Tiefstandes, der gegenwärtig selbst die nackte Fortexistenz der Menschheit ernsthaft bedroht. Lasset uns mit unseren schwachen Kräften daran arbeiten, daß die Menschheit über den gegenwärtigen moralische Tiefstand hinwegkomme und daß das Streben nach Recht und Billigkeit sowie nach einem harmonischen sozialen Dasein neues Leben und neue Stärke erlange.

58
Stephen S. Wise (1949)

Wenige habe ich persönlich kennengelernt, die der Sache der Gerechtigkeit und dem schwer geprüften jüdischen Volke allzeit selbstlos gedient haben – keinen einzigen aber, bei dem die Liebe und Hingabe mit einem so glühenden Temperament verbunden ist wie bei Stephen Wise.

Sein Leben lang war er ein Kämpfer für die Sache des Zionismus, mit dessen Realisierung sein Andenken an seine aufopfernde Tätigkeit für alle Zeiten verbunden bleiben wird. Jeden faulen Kompromiß verachtend ist er stets den dornigen Weg der echten Propheten gegangen, hat nie den Mächtigen und Saturierten geschmeichelt, sondern die Schäden und Schwächen in unseren Reihen und in der weiteren politischen Sphäre der nichtjüdischen Welt mit seinen flammenden Worten bloßgestellt und so allenthalb belebend und reinigend gewirkt. Nicht alle lieben ihn, aber niemand hat ihm je die Hochachtung versagen können. Denn jeder weiß, daß hinter der gewaltigen Lebensarbeit dieses Mannes das leidenschaftliche Streben steht, die Menschen besser und glücklicher zu machen. Möge sein Vorbild dazu beitragen, daß es unserem jüdischen Volke in der Zukunft nicht an edlen und bedeutenden Persönlichkeiten seines Schlages fehlen wird.

59
»The Hebrew University« – eine Lehr- und Forschungsstätte in Jerusalem (1949)

Das wenige, was ich in einem langen, von äußeren Umständen begünstigten Dasein für die Vertiefung physikalischer Erkenntnis habe leisten können, hat mir so viel Anerkennung eingetragen, daß ich mich seit langer Zeit mehr beschämt als gehoben gefühlt habe. Aber hier kommt ein Zeichen der Wertschätzung, das mich mit ungetrübter Freude erfüllt: die Freude darüber, was unser jüdisches Volk unter unsagbar schweren äußeren Bedingungen durch seine eigene Kraft und durch seinen beispiellosen Opfermut in ein paar Generationen fertiggebracht hat. Die Universität, die vor 27 Jahren noch nichts war als ein Traum und eine ferne Hoffnung, steht leibhaftig vor uns als eine Stätte freien Forschens und Lehrens und froher kameradschaftlicher Arbeit. Sie steht da auf von unserem Volke mühsam befreiten Boden als geistiges Zentrum einer blühenden, von Zuversicht getragenen Gemeinschaft, deren Leistungen in der ganzen Welt endlich die wohlverdiente Anerkennung gefunden haben.

Das einzige, was mich in diesen letzten Zeiten schicksalsschwerer Erfüllung bedrückt hat, ist der Umstand, daß die äußeren widrigen Umstände uns dazu gezwungen haben, unser Recht auf dem Wege der Gewalt zu erreichen, als einzige Möglichkeit, völliger Vernichtung zu entgehen. Das weise und mäßige Verhalten der führenden Männer des neuen Staates gibt mir aber die Zuversicht, daß allmählich eine auf fruchtbarer Zusammenarbeit, gegenseitiger Achtung und auf Vertrauen gegründete Beziehung zu dem arabischen Volke erreicht werden wird; dies ist ja der einzige Weg, auf dem beide Völker der übrigen Welt gegenüber wirkliche Selbständigkeit erlangen können.

60
Unsere Sorge um Israel (1949)

Wenn heute Juden Amerikas sich versammeln, um über die gemeinsamen Angelegenheiten zu beraten, so richten sich ihre Gedanken auf Israel und unsere dortigen Brüder. Denn es gibt für uns kein Problem von so überragender Bedeutung wie die Konsolidierung dessen, was dort mit beispiellosem Opfermut und erstaunlicher Energie erreicht worden ist. Möge die Freude und Bewunderung, welche uns beim Gedanken an alle die Leistungen dieses Häufleins von tatkräftigen und besonnenen Menschen erfüllt, uns die Kraft geben, der schweren Verantwortung gewachsen zu sein, welche uns durch die geschaffene Situation auferlegt wird.

Bei der Würdigung der Leistung dürfen wir freilich das Ziel nicht aus dem Auge verlieren, in dessen Dienst diese Leistung steht: Rettung unserer in vielen Ländern bedrohten Brüder durch Vereinigung in Israel; Schaffung einer Gemeinschaft, die den ethischen Idealen unseres Volkes, wie sie sich im Laufe einer langen Geschichte allmählich geformt haben, so gut als möglich entspricht.

Dazu gehört: Friede, gegründet auf Verstehen und Selbstbescheidung, nicht auf Gewalt. Wenn wir von diesem Ideal erfüllt sind, mischt sich etwas wie Wehmut mit unserer Freude. Unsere Beziehung zu den arabischen Nachbarn ist einstweilen weit davon entfernt, diesem Ideal zu entsprechen. Dem Ideal hätte ein ungeteiltes Palästina, in dem Juden und Araber als gleichberechtigte freie Menschen in Frieden leben, gewiß besser entsprochen als Trennung nach nationalen Gesichtspunkten.

Daß wir von der Realisierung dieses Ideals weiter entfernt sind als vor zwanzig Jahren, ist nur zum geringen Teile unsere eigene Schuld. Wenn ein Volk über andere Völker herrscht, so kann es kaum vermeiden, nach der berüchtigten Devise »divide et impera« zu verfahren. Dies heißt in unverhüllter Sprache: Schaffe Zwietracht unter den Beherrschten, damit sie sich nicht vereinigen mit dem Ziele, das ihnen auferlegte Joch abzuschütteln. Nun, das Joch ist beseitigt, aber die Saat der Zwietracht ist aufgegangen und mag noch für einige Zeit Unheil stiften – hoffentlich nicht für eine lange Zeit.

Ziel des Kampfes für die Juden in Palästina war nicht politische Unabhängigkeit um der Unabhängigkeit willen, sondern freie Einwanderung von in ihrer Existenz bedrohten Juden vieler Länder, freie Einwanderung überhaupt für alle jene, die sich nach einem Leben unter ihresgleichen sehnten. Es ist keine Übertreibung zu sagen, daß der Kampf um die Möglichkeit ging, ein in der Geschichte wohl einzigartiges Opfer zu bringen.

Ich meine hier nicht den Einsatz von Leben und Besitz im Kampf mit einem numerisch übermächtigen Gegner, auch nicht die entsagungsvoll harte Arbeit, die der Pionier in einem vernachlässigten Lande mit Wüstenklima zu leisten hat. Ich denke an das zusätzliche Opfer, das eine unter solchen Bedingungen lebende Bevölkerung zu bringen hat, um in verhältnismäßig kurzer Zeit einen Zustrom von Volksgenossen aufzunehmen, der mehr als ein Drittel der gesamten jüdischen Bevölkerung des Landes ausmacht. Um sich diese Tat lebhaft zu vergegenwärtigen, braucht man sich nur eine analoge Leistung der amerikanischen Juden auszumalen. Man stelle sich vor, es gäbe keine gesetzlichen Schranken für die Einwanderung in Amerika, man denke, daß die Juden in Amerika es freiwillig auf sich nähmen, in kurzer Frist über eine Million Juden aus anderen Ländern bei sich aufzunehmen und für ihr Wohl und ihre Eingliederung in das Wirtschaftsleben zu sorgen. Es wäre eine gewaltige Leistung, aber noch lange nicht vergleichbar mit der unserer Brüder in Israel. Denn Amerika ist ein großes, schwach bevölkertes fruchtbares Land mit hohem Lebensstandard und hochentwickeltem Produktionsapparat, nicht vergleichbar mit dem engen jüdischen Palästina, dessen Bewohner ohnehin ein hartes, kärgliches Leben führen, dazu immer noch bedroht von feindlichen Einfällen. Man denke daran, welche Entbehrungen und persönliche Leistungen dieser freiwillige Akt der brüderlichen Liebe für die Judenheit Israels bedeutet. Ich weiß keinen Fall in der Geschichte, der diesem an die Seite gestellt werden könnte.

Die ökonomischen Mittel von Israel reichen allein nicht hin, das gewaltige Unternehmen zu einem erfolgreichen Ende zu bringen. Von mehr als 300 000 seit Mai 1948 eingewanderter Personen konnten bisher nicht für 100 000 Wohnung und Beruf geschaffen werden, so daß sie in improvisierten Lagern konzentriert werden mußten, unter Bedingungen, die für die ganze Judenheit beschämend sind.

Es darf nicht geschehen, daß dies großartige Werk daran scheitert, daß die amerikanische Judenheit nicht hinreichend und nicht schnell genug Hilfe leistet. In meinen Augen ist es ein köstliches Geschenk, das der gesamten Judenheit zuteil wird: die Gelegenheit, an dieser wunderbaren Tat aktiv Anteil zu haben.

Ich wage es nicht auszudenken, welche Folgen es für Israel und für das ganze jüdische Volk hätte, wenn in dieser kritischen Situation Mangel an Entschlußkraft und Devotion von unserer Seite ein Scheitern des Werkes mit sich brächte.

61
Einstein und die Präsidentschaft von Israel (1952)

Ich bin tief bewegt über das Anerbieten unseres Staates Israel, freilich auch traurig und beschämt darüber, daß es mir unmöglich ist, dies Anerbieten anzunehmen. Mein Leben lang mit objektiven Dingen beschäftigt, habe ich weder die natürliche Fähigkeit noch die Erfahrung im richtigen Verhalten zu Menschen in der Ausübung offizieller Funktionen. Deshalb wäre ich für die Erfüllung der hohen Aufgabe auch dann ungeeignet, wenn nicht vorgerücktes Alter meine Kräfte in steigendem Maße beeinträchtigte.

Diese Sachlage betrübt mich um so mehr, als die Beziehung zum jüdischen Volke meine stärkste menschliche Bindung geworden ist, seitdem ich über unsere prekäre Situation unter den Völkern volle Klarheit erlangt habe.

Nachdem wir in diesen Tagen den Mann verloren haben, der viele Jahre unter widrigen und tragischen Umständen die ganze Last der Führung unseres Strebens nach äußerer Selbständigkeit auf seinen Schultern getragen hat, wünsche ich von Herzen, daß ein Mann gefunden werde, der auf Grund seines Wirkens und seiner Persönlichkeit es sich zutrauen darf, die schwere und verantwortungsvolle Aufgabe zu übernehmen.

62
Einsteins letzte Botschaft (1955)

Ich spreche zu Euch heute nicht als ein amerikanischer Bürger und auch nicht als Jude, sondern als ein Mensch, der in allem Ernst danach strebt, die Dinge objektiv zu betrachten. Was ich erstrebe, ist einfach, mit meinen schwachen Kräften der Wahrheit und Gerechtigkeit zu dienen auf die Gefahr hin, niemand zu gefallen.

Zur Diskussion steht der Konflikt zwischen Israel und Ägypten – ein kleines und unwichtiges Problem, werdet Ihr denken; wir haben größere Sorgen. So ist es aber nicht. Wenn es sich um Wahrheit und Gerechtigkeit handelt, gibt es nicht die Unterscheidung zwischen kleinen und großen Problemen. Denn die allgemeinen Gesichtspunkte, die das Handeln der Menschen betreffen, sind unteilbar. Wer es in kleinen Dingen mit der Wahrheit nicht ernst nimmt, dem kann man auch in großen Dingen nicht vertrauen.

Diese Unteilbarkeit gilt aber nicht nur für das Moralische, sondern auch für das Politische; denn die kleinen Probleme können nur richtig erfaßt werden, wenn sie in ihrer Abhängigkeit von den großen Problemen verstanden werden. Das große Problem präsentiert sich gegenwärtig als Trennung der Menschenwelt in zwei feindliche Lager, die sogenannte »free world« [freie Welt] und die »communist world« [kommunistische Welt]. Da es mir wenig klar ist, was hier unter »free« und »communist« zu verstehen ist, will ich lieber von einem Machtstreit zwischen Ost und West reden, obwohl es wegen der Kugelgestalt der Erde auch nicht recht klar ist, was man da unter West und Ost zu verstehen hat.

Es ist im Grunde nur ein Machtstreit alten Stiles, der, wie frühere Kämpfe um die Macht, den Menschen in halb-religiöser Verhüllung dargeboten wird. Dieser

Ich spreche zu Euch heute nicht als ein amerikanischer Bürger und auch nicht als Jude sondern als ein Mensch, der in allem Ernst darnach strebt, die Dinge objektiv zu betrachten. Was ich anstrebe, ist einfach, mit meinen schwachen Kräften der Wahrheit und Gerechtigkeit zu dienen auf die Gefahr hin, da niemand zu gefallen.

Zur Diskussion steht der Konflikt zwischen Israel und Aegypten. – ein kleines und unwichtiges Problem, werdet ihr denken, wir haben grössere Sorgen. So ist es aber nicht. Wenn es sich um Wahrheit und Gerechtigkeit handelt, gibt es nicht die Unterscheidung zwischen kleinen und grossen Problemen. Denn die allgemeinsten Gesichtspunkte, die das Handeln der Menschen betreffen, sind unteilbar. Wer es in kleinen Dingen mit der Wahrheit nicht ernst nimmt, dem kann man auch in grossen Dingen nicht vertrauen.

Diese Unteilbarkeit gilt aber nicht nur für das Moralische sondern auch für das Politische; denn die kleinen Probleme können nur richtig erfasst werden, wenn sie in ihrer Abhängigkeit von den grossen Problemen verstanden werden.

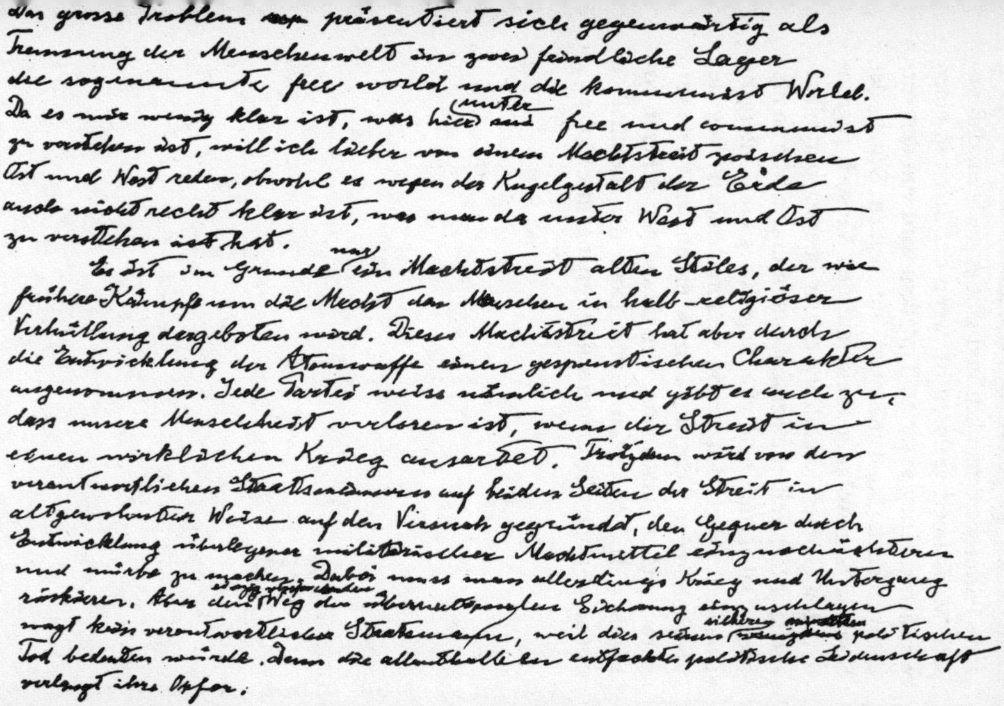
Das grosse Problem präsentiert sich gegenwärtig als Trennung der Menschenwelt in zwei feindliche Lager die sogenannte free world und die kommunistische Welt. Da es mir wenig klar ist, was hier unter free und communist zu verstehen ist, will ich lieber von einem Machtstreit zwischen Ost und West reden, obwohl es wegen der Kugelgestalt der Erde auch nicht recht klar ist, was man da unter West und Ost zu verstehen hat.

Es ist im Grunde nur ein Machtstreit alten Stiles, der wie frühere Kämpfe um die Macht den Menschen in halb-religiöser Verhüllung dargeboten wird. Dieser Machtstreit hat aber durch die Entwicklung der Atomwaffe einen gespenstischen Charakter angenommen. Jede Partei weiss nämlich und gibt es auch zu, dass unsere Menschheit verloren ist, wenn der Streit in einen wirklichen Krieg ausartet. Trotzdem wird von den verantwortlichen Staatsmännern auf beiden Seiten der Streit in altgewohnter Weise auf den Versuch gegründet, den Gegner durch Entwicklung überlegener militärischer Machtmittel einzuschüchtern und mürbe zu machen. Dabei muss man allerdings Krieg und Untergang riskieren. Aber den Weg der übernationalen Sicherung einzuschlagen wagt kein verantwortlicher Staatsmann, weil dies seinen sicheren politischen Tod bedeuten würde. Denn die allenthalben entfachte politische Leidenschaft verlangt ihre Opfer.

Einsteins unvollendeter Entwurf einer Ansprache zum Unabhängigkeitstag Israels 1955 – das Letzte, das er in seinem Leben schrieb.

Machtstreit hat aber durch die Entwicklung der Atomwaffe einen gespenstischen Charakter angenommen. Jede Partei weiß nämlich und gibt es auch zu, daß unsere Menschheit verloren ist, wenn der Streit in einen wirklichen Krieg ausartet. Trotzdem wird von den verantwortlichen Staatsmännern auf beiden Seiten der Streit in altgewohnter Weise auf den Versuch gegründet, den Gegner durch Entwicklung überlegener militärischer Machtmittel einzuschüchtern und mürbe zu machen. Dabei muß man allerdings Krieg und Untergang riskieren. Aber den einzig versprechenden Weg der übernationalen Sicherung einzuschlagen, wagt kein verantwortlicher Staatsmann, weil dies seinen sicheren politischen Tod bedeuten würde. Denn die allenthalben entfachte politische Leidenschaft verlangt ihre Opfer ...

Quellennachweis und Anmerkungen

1 Beitrag zu George Schreiber: Portraits and Self-Portraits. Bosten, 1936.

2 Rede bei der vom Refugee Assistance Fund (Flüchtlings-Hilfsfond) in der Londoner Royal Albert Hall veranstalteten Massenversammlung. 3. Oktober 1933.

3 Artikel veröffentlicht in der Zeitschrift *Science.* Washington, D. C., Winter 1935/36.

4 Rede in Albany (New York) bei der 72. Versammlung der University of the State of New York, aus Anlaß der Dreihundertjahrfeier der Universitätsausbildung in Amerika. 15. Oktober 1936.

5 Botschaft zur Gründungstagfeier der Young Men's Christian Association. 11. Oktober 1937.

6 Rede bei der Jahresabschlußfeier von Swarthmore College (Pennsylvania). 1938.

7 Teil I: Ansprache im Princeton Theological Seminary anläßlich der Tagung der Northeastern Regional Conference der American Association of Theological Schools. 19. Mai 1939.

Teil II: Beitrag zu dem Symposium »Science, Philosophy and Religion«, veröffentlicht von der Conference on Science, Philosophy and Religion in their Relation to the Democratic Way of Life, Inc. New York, 1941.

8 Beitrag zu Clifton Fadiman: I Believe. New York, 1939.

9 Beitrag zu Ruth Nanda Anshen: Freedom, Its Meaning. New York, 1940.

10 Beitrag zu Philipp Frank: Relativity – A Richer Truth. Boston, 1950.

11 Botschaft an die Italienische Vereinigung für den Fortschritt der Wissenschaft (Società Italiana per il Progresso della Science). Oktober 1950.

12 Artikel in der Zeitschrift *The Journal of the Franklin Institute,* Band 221, Nr. 3 (März 1936).

13 Artikel veröffentlicht in der Zeitschrift *Science.* Washington, D. C. 24. Mai 1940.

14 Artikel veröffentlicht in der Zeitschrift *Technicon Journal.* New York, 1946.

15 Artikel veröffentlicht in der Zeitschrift *Science Illustrated.* New York, 1946.

16 Botschaft an die Nobel-Gedenkfeier in New York. 10. Dezember 1945.

17 Rundfunkansprache über die Radiostation der American Broadcasting Corporation an eine Studentenversammlung in Chicago zur Förderung einer föderativen Weltregierung. 24. Mai 1946.

18 Artikel veröffentlicht in der Zeitschrift *American Scholar.* New York, Sommer 1947.

19 Botschaft an die Jahrestagung der Foreign Press Association für die Plenarversammlung und den Sicherheitsrat der Vereinten Nationen. 11. November 1947.

20 Beitrag zu der Zeitschrift *United Nations World* (New York). Oktober 1947.

21 Dieser offene Brief wurde in dem Moskauer englisch-sprachigen Blatt *New Times* am 26. November 1947 veröffentlicht. Die Unterzeichner waren vier hervorragende Physiker und Chemiker, die alle Mitglieder der Sowjetakademie der Wissenschaften waren.

22 Einsteins Antwort auf den Moskauer »Offenen Brief« wurde in der Zeitschrift *Bulletin of the Atomic Scientists* (Chicago), Februar 1948, veröffentlicht.

23 Botschaft an das One World Award Committee aus Anlaß der Verleihung des »One World Award« an Einstein, am 27. April 1948.

24 Botschaft an ein von Frau Eleanor Roosevelt geleitetes Fernsehprogramm über die Wasserstoffbombe. 12. Februar 1950.

25 Brief an Katusu Hara, Chefredakteur der japanischen Zeitschrift *Kaizo.* 20. September 1952.

26 Artikel veröffentlicht im Magazin *The Nation* (New York) vom 3. Oktober 1934.

27 Botschaft an eine Tagung von Universitätsdozenten 1936, die jedoch nicht stattfand.

28 Botschaft an eine Tagung in New York der National Wartime Conference. Mai 1944

29 Veröffentlicht in der Zeitschrift *Pageant* (New York). Januar 1946.

30 Diese Botschaft an den Weltkongreß der Intellektuellen in Wroclaw (Breslau, Polen) wurde dort nicht verlesen, aber einige Tage später, am 29. August 1948, in *The New York Times* veröffentlicht.

31 Dieser Artikel, der in der ersten Nummer (Mai 1949) der Zeitschrift *Monthly Review* (New York) veröffentlicht wurde, stellt Einsteins ausführlichstes Bekenntnis zum Sozialismus dar.

32 Brief an William Frauenglass, einem Lehrer, der als Nonkonformist zum Verhör vor das Komitee des Repräsentantenhauses über unamerikanische Betätigungen (House Committee on Un-American Activities) geladen worden war. 16. Mai 1953.

33 Botschaft an die Decalogue Society of Chicago. 20. Februar 1954

34 Botschaft an die am Vorabend zu Einsteins 75. Geburtstag in Princeton abgehaltene Tagung des Emergency Civil Liberties Committee (Notstandskomitee für Bürgerrechte). 13. März 1954.

35 Nachruf auf Paul Ehrenfest, hervorragender Physiker in Holland und engster Freund Einsteins. Veröffentlicht im *Almanak van het Leidsche Studentencorps.* 1934.

36 Botschaft aus Anlaß der Gedenkfeier für Marie Curie, der berühmten Physikerin, im Roerich Museum, New York. 23. November 1935.

37 Botschaft zum 300. Geburtstag Isaac Newtons, veröffentlicht in *The Manchester Guardian.* Weihnachten 1942.

38 Nachruf auf Walther Nernst, bekannter deutscher Chemiker und Freund Einsteins, veröffentlicht in *The Scientific Monthly* (Washington, D. C.) Band 54. Februar 1942.

39 Beitrag zu Mahatma Gandhi: Essays and Reflections to his Life and Work. London 1944.

40 Nachruf auf Henrietta Szold, die bekannte zionistische Führerin. 1945.

41 Botschaft an die Zusammenkunft der Nobel-Foundation in New York zu Ehren von Carl von Ossietzky, dem unerschrockenen deutschen Friedenskämpfer, der den Nobel-Friedenspreis als Nazi-Häftling im Jahre 1936 erhielt.

42 Nachruf auf den hervorragenden französichen Physiker Paul Langevin, veröffentlicht in der Pariser Zeitschrift *La Pensée.* Februar-März 1947.

43 Botschaft verlesen bei der Gedenkfeier für den hervorragenden deutschen Physiker Max Planck. April 1948.

44 Einleitung zu Carola Baumgardt: Johannes Kepler, Life and Letters. New York, 1952.

45 Nachruf auf Rudolf Ladenburg, Professor der Physik der Princeton University und naher Freund Einsteins. April 1952.

46 Botschaft an die Gedenkfeier in Leiden (Holland) aus Anlaß des 100. Geburtstags von H. A. Lorentz, dem berühmten holländischen Physiker und einem von Einstein hochverehrten Freund.

47 Nachruf auf Joseph Scharl, einem Maler, dessen Kunst Einstein hoch schätzte. 8. Dezember 1954.

48 Vorwort zu einer Veröffentlichung in *Catier Juif.* Paris, 1934.

49 Entwurf einer – nicht gehaltenen – Ansprache bei der Begrüßungsfeier des Staates New Jersey. März 1934.

50 Botschaft an die Maimonides-Jubiläumsfeier in New York. 15. April 1935.

51 Ansprache bei der Einführung als Ehrenmitglied der Jewish Academy of Sciences and Arts. 22. März 1936.

52 Artikel veröffentlicht in der Zeitschrift *Collier's* vom 26. November 1938.

53 Rundfunkansprache über das Columbia Broadcasting System für den United Jewish Appeal (Vereinigter jüdischer Hilfsfond). 22. März 1939.

54 Rundfunkansprache für den United Jewish Appeal (Vereinigter Jüdischer Hilfsfond). 11. April 1943.

55 Veröffentlicht in der Zeitschrift *Bulletin of the Society of Polish Jews.* New York 1944.

56 Vorwort zu einem »Schwarzbuch«, das nicht veröffentlicht wurde, geschrieben 1945.

57 Botschaft anläßlich der Enthüllungsfeier des Mahnmals für die Opfer des Ghettos in Warschau. 19. April 1948.

58 Botschaft zum 75. Geburtstag des New Yorker Rabbiners Stephen S. Wise. 17. März 1949.

59 Botschaft an The Hebrew University in Jerusalem aus Anlaß der Verleihung der Ehren-Doktorwürde. 15. März 1949.

60 Rundfunkbotschaft an die Konferenz des United Jewish Appeal (Vereinigter jüdischer Hilfsfond) in Atlantic City. 29. November 1949.

61 Einsteins Antwortbrief an Abba Eban, Israels Botschafter in den Vereinigten Staaten, der angefragt hatte, ob er gewillt wäre, den Posten als Präsident Israels anzunehmen. 18. November 1952.

62 Einstein beabsichtigte, zur Wiederkehr des Unabhängigkeitstages Israels im April 1955 eine Rundfunk- und Fernsehansprache zu halten. Dies ist der Anfang des Entwurfes der geplanten Ansprache, den Einstein am 12. April 1955 als allerletztes in seinem Leben schrieb. Am nächsten Tag erlitt er einen Anfall, der zu seinem Tod führte.

Namenregister

Bitte beachten Sie
die folgenden Seiten:

Werner Heisenberg

Physik und Philosophie

Ullstein Buch 34624

Ullstein Sachbuch

Die Konsequenzen der modernen Atomphysik veränderten das Bild der Welt, das wir aus dem vergangenen Jahrhundert übernommen haben. Sie zwingen nicht nur Wissenschaftler zum Umdenken. Die vorliegenden Texte entstanden im Rahmen einer Vorlesungsreihe (1955/56), in der Heisenberg die Beziehungen zwischen der modernen Atomphysik und allgemeinen philosophischen Problemen sichtbar macht.

Albert Einstein

Mein Weltbild

Herausgegeben von
Carl Seelig

Ullstein Buch 34683

Ullstein Sachbuch

Dieser Band enthält die sorgsam gesammelten und kommentierten weltanschaulichen Äußerungen und Bekenntnisse von Albert Einstein. Neben zeitgeschichtlichen Fragen und Gedanken über das Judentum legt Einstein vor allem Rechenschaft über seine wissenschaftliche Tätigkeit und ihre Einbettung in den gesellschaftlichen Zusammenhang ab.